掺粗骨料高浓度充填管道磨损特性

王小林　著

本书彩图

北　京
冶金工业出版社
2025

内容提要

本书以平直充填管道磨损规律为研究对象，以延长管道寿命为研究目标，分析了充填管道三种基本磨损形式的特点，基于改进的罐式磨损实验机，探明了高浓度充填参数对管道磨损的影响规律，提出了充填管道磨损速率预测模型和方法，采用计算流体力学加离散元的耦合方法，揭示了粗骨料对管道的磨损机制，提出了以充填参数优化和四步骤翻管技术为核心的充填管道磨损防控措施。

本书可供金属矿山采矿工程专业的技术人员和管理人员阅读，也可供高等院校采矿工程及相关专业的师生参考。

图书在版编目（CIP）数据

掺粗骨料高浓度充填管道磨损特性 / 王小林著 .
北京：冶金工业出版社，2025. 7. -- ISBN 978-7-5240-0213-0

Ⅰ. TD853

中国国家版本馆 CIP 数据核字第 2025FC9886 号

掺粗骨料高浓度充填管道磨损特性

出版发行	冶金工业出版社	**电　话**	(010)64027926
地　址	北京市东城区嵩祝院北巷 39 号	**邮　编**	100009
网　址	www. mip1953. com	**电子信箱**	service@ mip1953. com

责任编辑　高　娜　美术编辑　吕欣童　版式设计　郑小利
责任校对　李欣雨　责任印制　范天娇
北京建宏印刷有限公司印刷
2025 年 7 月第 1 版，2025 年 7 月第 1 次印刷
710mm×1000mm　1/16；10 印张；193 千字；150 页
定价 75. 00 元

投稿电话　(010)64027932　投稿信箱　tougao@cnmip. com. cn
营销中心电话　(010)64044283
冶金工业出版社天猫旗舰店　yjgycbs. tmall. com
（本书如有印装质量问题，本社营销中心负责退换）

前 言

矿山开采在提供矿产资源的同时，也造成地质灾害和环境污染。金属矿尾砂是重大的地质灾害和环境污染源，进行尾砂固废利用是矿山安全、绿色开采的必然要求。全尾砂制成的高浓度料浆用于井下采空区充填在高效处置矿山固废、提高资源回收率的同时，还可以达到“一废（尾砂）治两害（采空区、尾矿库）”的效果，是践行“绿水青山就是金山银山”、实现我国矿业绿色开发的有效途径之一。

将制备好的高浓度全尾砂料浆运输到采空区是矿山充填的关键环节，管道输送是最经济、高效的方式，管道材质以钢为主。金属矿尾砂含石英等硬质成分，其硬度大于管道钢的硬度，导致充填管道的磨损无法避免。此外，有些矿山为了弥补尾砂产量不足，或者为了提高充填料浆的流动性和硬化后的强度，还在高浓度全尾砂料浆中添加粗骨料，这可能进一步加剧充填管道的磨损程度。充填管道磨损可能导致爆管、堵管和料浆泄漏淹没巷道等严重后果，影响矿山充填的安全稳定进行。

本书以掺粗骨料高浓度充填料浆平直输送管道磨损为主要研究对象，分析了充填管道三种基本磨损形式的特点，基于改进的罐式磨损实验机，探明了高浓度充填参数对管道磨损的影响规律，提出了充填管道磨损速率预测模型和方法，采用计算流体力学加离散元的耦合方法（CFD-DEM），揭示了粗骨料对管道的磨损机制，提出了以充填参数优化和四步骤翻管技术为核心的充填管道磨损防控措施，检验了磨损预测模型和方法的可靠性。

本书内容涉及的有关研究获得了国家资助博士后研究人员计划项目（GZC20232063）、陕西省自然科学基金项目（2024JC-YBQN-0507）、陕西省重点研发计划项目（2025SF-YBXM-535）、陕西省博士后科研项目（2023BSHYDZZ142）、陕西省教育厅科学研究计划项目（24JK0516）的资助。另外，书中参考或引用了有关专家、学者和矿山工程技术人员的重要研究成果，在此一并表示感谢！

由于作者水平所限，书中难免存在不足之处，敬请广大读者批评指正。

作　者

2025 年 2 月

目　录

1 绪　论

1.1 充填管道磨损的研究背景

矿山尾砂是重大的地质灾害和环境污染源之一[1]，进行尾砂固废利用是矿山安全、绿色开采的必然要求。全尾砂制成的高浓度料浆（除超细尾砂外，料浆浓度普遍大于70%（质量分数））用于井下采空区充填可以达到“一废（尾砂）治两害（采空区、尾矿库）”的效果，料浆达到膏体状态后充填性能更佳[2]。目前，“高浓度”和“膏体”的界限并不清晰，还没有公认、确切的“膏体”定义。考虑到绝大多数矿山为降低能耗采用充填料浆自流输送工艺，“高浓度”使用场景相对宽泛，为避免术语方面的分歧，本书使用“高浓度”的表述，但是在引用其他学者的研究成果时尽量尊重其原始表述。

将制备好的高浓度全尾砂料浆运输到采空区是矿山充填的关键环节，管道输送是最经济高效的方式，管道材质以钢为主[3]。金属矿尾砂含石英等硬质成分，其硬度大于管道钢硬度[4]，因此充填管道的磨损无法避免[5]。此外，有些矿山为了弥补尾砂产量不足，或者为了提高充填料浆的流动性和硬化后的强度，还在高浓度全尾砂料浆中添加粗骨料，这可能进一步加剧充填管道的磨损程度。据不完全统计，在充填料浆中添加粗骨料的常见原因见表 1-1。

表 1-1　全尾砂充填料浆中添加粗骨料的常见原因

序号	矿山名称	粗骨料种类	加粗骨料的主要原因
1	金川镍矿	废石、棒磨砂	提高充填体强度
2	阿舍勒铜矿	戈壁料	减轻尾砂含硫量高的影响
3	会泽铅锌矿	水淬渣	尾砂产率不足，调节采充平衡
4	拜什塔木铜矿	戈壁料	全尾砂膏体凝结性差、充填体强度低
5	杜达铅锌矿	戈壁料	尾砂产率不足，调节采充平衡
6	阿希金矿	碎石	提高充填体强度
7	帕鲁特金矿	碎石	改善混合料级配，提高充填体强度

与其他充填方式相比，高浓度充填的一个重要特点就是管输沿程阻力很高，最高可达 8~11.8 MPa/km[6-8]，导致充填管道处于高压状态。通常认为当管道压

强增大到一定程度，即使很小的料浆流速，也会对管道带来很高的磨损[9]。Bloss[10]指出，充填管道是一个重大的危险源，需要解决的一些关键问题，包括管道高压强和管道磨损，因为充填管道大多是沿巷道布置的，一旦爆管极有可能造成人员伤亡和设备损失。此外，充填料浆泄漏不但污染井下环境，还影响设备人员通行（图 1-1 中左侧为硬化充填体，右侧已被清理），可能进一步诱发安全事故。充填钻孔内的管道磨损破坏后还会使碎石混入，轻则堵塞钻孔，重则使整条钻孔报废[10-11]。

图 1-1　管道破损导致充填料浆泄漏堵塞巷道

除了引发安全风险、降低充填系统可靠性，充填管道磨损还会引起经济损失、辅助工作时间损失和充填质量损失[12]。充填质量损失有两方面的含义：一是地下水会从管道磨损破坏处混入导致充填料浆浓度和充填体强度降低[13]，研究表明，充填料浆浓度降低一个百分点，充填体强度降低 10%[14]；二是充填管道磨损破坏可能导致充填作业长时间中断，进而降低充填体的完整性。

充填管道的壁厚降低到一定程度后就必须进行更换。充填管道的更换时机必须以对管道磨损速率的正确预测为基础。但是在输送高浓度浆体的管道中，磨损速率的预测是复杂的，因为载流体、固体颗粒和管道材料的特性都对管道磨损有重要影响。尽管国内外学者已经对充填管道的磨损影响因素、磨损形式和机理等进行了相关研究，但迄今还没有建立起管道磨损速率与各工艺变量之间的定量关系[3]。由于未完全掌握充填管道磨损规律，目前还无法准确预测充填管道寿命，导致矿山处理充填管道磨损问题时步入两个极端，要么等管道完全磨损破坏后再维修或更换[15]，要么为了避免延迟维修或更换导致的严重后果而采用保守的维修或更换策略[3]，进而导致管道维修或更换任务过于繁重，管道寿命的利用率不高，矿山运营成本增加。

综上所述，充填管道磨损在降低管道寿命的同时还引发堵管和爆管等事故，充填管道的完好对矿山安全、环保、经济、连续和高质量地进行充填作业具有重要意义。本书依托纵向科研项目和企业项目，以某铅锌矿采用自流输送工艺、在高浓度全尾砂料浆中添加粗骨料来调节采充平衡为研究背景，以平直充填管道的磨损规律为研究对象，全面分析掺粗骨料高浓度全尾砂料浆对充填管道的磨损作用，研究料浆浓度、流速、粗骨料粒径和粗骨料含量等因素对管道磨损的影响规律，揭示管道压强与管道磨损之间的响应关系，构建管道磨损预测模型，提出管道磨损防控技术。

1.2 研究充填管道磨损的意义

充填管道磨损影响着整个充填系统的安全性和可靠性，是影响充填系统运营成本的一个重要因素[16-17]。但是，专门针对充填管道磨损的研究并不多见，国内早期，肖卫国[18]、王新民[19]、郑晶晶[20]和张德明[21]等学者曾对深井充填管道（主要是针对充填钻孔）磨损的原因、影响因素和防控技术进行了总结，也提出了计算水平充填管道磨损量的技术路线。近年来，刘志双[22-23]采用滚筒磨损实验机对加拿大某矿山的膏体充填料浆进行了 4 种配比的磨损实验，但实验结果还无法分析料浆浓度、流速等因素对充填管道磨损的影响规律。目前国内研究最多的是充填管道的可靠性或风险评价[24-32]，但充填管道磨损的基础性研究较少，部分指标的权重分配可能缺乏客观依据。国外早期进行过一些中高浓度充填料浆在紊流条件下的环管磨损实验[33-35]，近年来针对部分膏体充填矿山的管道磨损实测数据进行统计分析[8,36-38]，或采用滚筒实验机和摩擦轮实验机对固定配比的膏体料浆进行磨损实验[8,38]，或采用摩擦轮实验机对膏体充填管道的耐磨性能进行对比[39]，也还没有就料浆浓度、流速等因素对充填管道磨损的影响规律进行系统研究。

近年来，国内外全尾砂高浓度充填技术研究集中于尾砂浓密特性[40-41]、料浆均质搅拌[42]、料浆流变和管输阻力特性[43-44]、充填体力学特性[45]，较少涉及充填管道磨损[8,22,46]或者说高压强作用下的管道磨损研究，对充填管道磨损与管道压强的响应关系仅有一些定性认识，即充填管道压强越大磨损也越严重[47]。国内外针对掺粗骨料高浓度全尾砂料浆对充填管道磨损规律的研究较为少见，更多的是研究这类充填料浆的抗离析能力[48-49]、粗骨料级配优化[50]、流变特性[51]和充填体强度特征[52]等。一些学者研究了粗骨料在全尾砂膏体管输过程中的运移规律[53-54]，为研究掺粗骨料高浓度全尾砂料浆输送管道的磨损规律提供了一些技术思路。因此，研究高浓度充填料浆对输送管道的磨损规律，将有利于完善全尾砂高浓度充填技术的研究体系，最终有利于全尾砂高浓度充填技术的推广利用。

浆体管道磨损研究主要集中在精矿和油砂岩尾矿管道输送领域，而充填管道的相关磨损知识大多借鉴“中低浓度”精矿紊流输送条件下管道磨损研究的成果[55-58]，并在此基础上进行定性分析[59-65]或者半定量分析[66-67]。“高浓度”浆体还没有明确定义，从定性角度而言，精矿浓度 50%～60% 就可称为高浓度[68-69]，且大多进行紊流输送。但对于矿山充填而言，浓度 50%～60% 只能算作中低浓度，目前金属矿山的充填浓度普遍超过 70%（需要注意的是，仅以浓度作为高浓度充填料浆的评价指标是不科学的，还需综合考虑-20 μm 细颗粒含量和屈服应力等因素[70]），且大多进行层流输送。因此，精矿输送与矿山充填在料浆浓度和流态等方面都有很大差别，两者的管道磨损规律可能并不相同。以充填料浆浓度对管道磨损的影响为例，已有多篇文献[34,58,71-73]给出了截然相反的结论。因此，开展高浓度充填料浆输送管道的磨损研究，探明料浆浓度、流速、颗粒粒径等因素对充填管道磨损的影响规律，筛选出对管道磨损影响较强的因素，将有利于针对性地提出充填管道的磨损防控技术以延长管道使用寿命。

1.3 研究现状梳理

1.3.1 管道磨损类型

材料磨损是一种复杂的现象，还没有统一的定义，但磨损的基本特点包括[74]：磨损是相对运动中所产生的现象，并且发生在材料表面；磨损是材料不断损失或破坏的过程，机械作用和电化学作用均可以导致材料磨损。

在矿浆输送管道和充填管道相关研究中，根据料浆与管壁的不同作用类型，可将管道的磨损分为冲蚀磨损、磨蚀磨损和腐蚀磨损三种基本磨损类型，此外还有冲蚀-腐蚀和磨蚀-腐蚀等协同磨损类型，其中冲蚀磨损和磨蚀磨损可以统称为机械磨损。

1.3.1.1 冲蚀磨损

冲蚀磨损是靶材表面在固体颗粒反复撞击下材料的渐进损耗、断裂或位移过程[75]。管道冲蚀通常发生在紊流条件下，当料浆在管道中流动时，其中的固体颗粒会在水流紊动能量的作用下反复进行“撞击管壁—反弹—撞击管壁”的运动，长此以往就会在管壁表面留下疤痕并导致材料损耗，如图 1-2 所示。

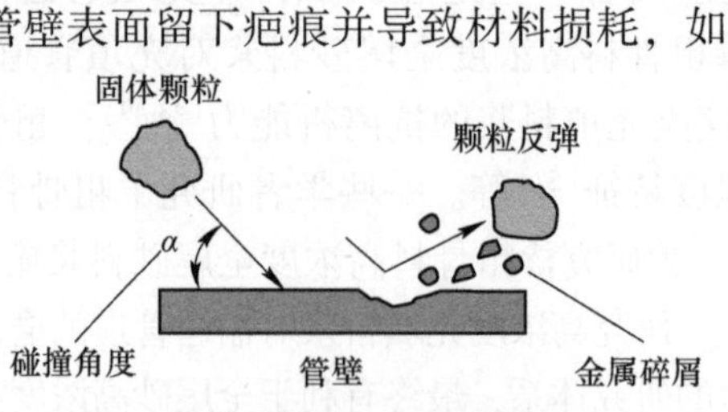

图 1-2 管道冲蚀磨损过程[8]

根据冲蚀磨损的定义和图 1-2 可知，管道的冲蚀磨损主要发生在精矿管道输送、中低浓度充填、粗颗粒水力充填等情况，因为这些情况下固体颗粒容易在管道中沉积，必须采用紊流输送。此外，在垂直充填管道的料浆-空气交界面，上部料浆自由下落后速度可达 50[76]~80 m/s[11]，料浆运动到交界面处会向四周“迸射”，对交界面附近的管道造成很大的冲蚀磨损[66]。特别是开始充填阶段，料浆自由下落高度更大，对垂直管道底部的弯管造成很大的冲击。普遍认为，提高垂直管道满管率是降低其冲蚀磨损的根本途径。

1.3.1.2 磨蚀磨损

磨蚀磨损不存在固体颗粒与靶材表面的剧烈碰撞，而是通过表面摩擦造成材料损失[77]。管道磨蚀磨损过程如图 1-3 所示。

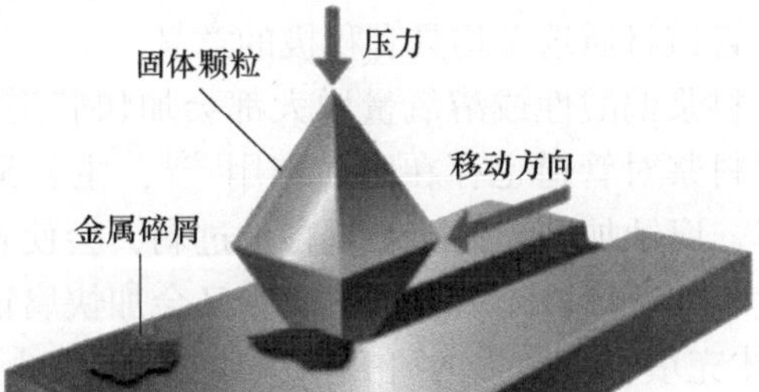

图 1-3 管道磨蚀磨损过程[78]

如图 1-3 所示，固体颗粒沿管壁挤压和滑动，坚硬、尖锐的棱角在管壁上产生切割或剪切作用，在管壁表面形成划痕。管道磨蚀磨损在粗颗粒水力输送和膏体输送过程中比较常见。在油砂处理行业，油砂岩尾矿粒度可达毫米级别，即便采用高达 4~5 m/s[79] 的工作流速也不能使颗粒完全悬浮，粗颗粒在管道底部形成滑动床，细颗粒与水在管道上部形成均质流，整体上在管道中为两层流动[80]。这种情况下，管道上部受冲蚀磨损，管道下部受磨蚀磨损。对于含稠密颗粒的浆体流动，管道磨损的主要原因是固体颗粒的滑动作用[81]。高浓度充填料浆在管道中呈柱塞状整体移动[82]，固体颗粒沿管壁挤压和滑动，也会对管壁造成磨蚀磨损[39]。

一般来说，大多数学者认为层流条件比紊流产生的磨损小，这主要是由于层流时颗粒被包裹在流体中无法大量反弹，也无法以大角度撞击壁面，而是以滑动摩擦模式为主，这往往不那么具有破坏性[8]。

1.3.1.3 腐蚀磨损

腐蚀磨损是指管道内壁在腐蚀性料浆作用下首先形成腐蚀层，然后料浆通过机械作用磨损腐蚀层直至露出管材基质，进而重复腐蚀过程，最终导致管壁变薄[83]。浆体输送管道的腐蚀磨损过程如图 1-4 所示。

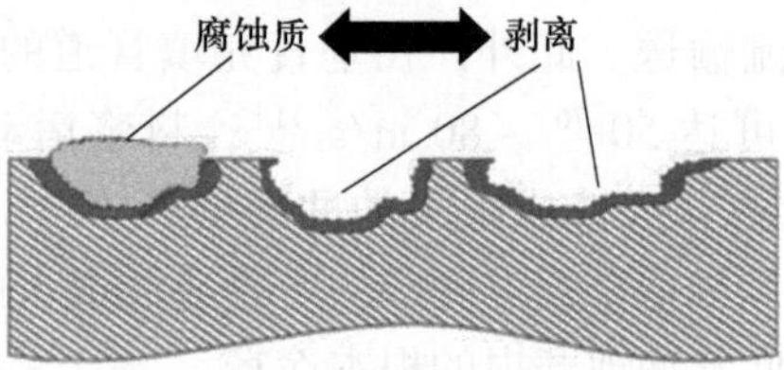

图 1-4　管壁腐蚀磨损过程[84]

许多研究[85-87]表明，在腐蚀与冲蚀、腐蚀与磨蚀的协同作用下，总磨损比任何基本磨损形式都要严重。因此，研究纯磨蚀或纯腐蚀对探索膏体输送管道的磨损机理，以及指导管道材质选型均具有积极的意义。

定性研究表明，料浆偏酸性或溶氧量增大都会加快管道磨损速度[88]。目前的定性认识是，充填料浆对管道也存在腐蚀作用[25]，主要是因为充填料浆多呈碱性，随着氧的溶解，腐蚀加剧；但随着氧含量过剩，会使管壁表面钝化，抑制腐蚀作用；伴随钝化表面逐渐被充填料浆磨掉，又会加快腐蚀磨损。目前少见的几项针对高浓度/膏体充填管道磨损的研究中，McGuinness[8]和 Hewitt[39]只研究了总磨损速率，只有 Creber[38]发现拌和水对管道总磨损速率有显著影响，但他们都没有对不同工况参数条件下充填料浆的腐蚀、磨蚀、腐蚀-磨蚀协同作用在总磨损速率中的贡献率进行量化。

1.3.2　管道磨损实验装置

磨损分析是充填管道设计、运行和经济评价的关键环节。评价管道磨损情况的最佳方法是对实际运行的管道进行监测[89]，这样可以研究料浆流速、浓度、pH 值和溶解氧含量等实际参数对管道的磨损情况，而不用担心颗粒细化（固体颗粒长时间与泵和管道接触粒径会变小，表面变得圆滑，对管道的磨损能力降低的一种现象），还可以监测管道周围磨损分布情况。在实际运行的管道中进行磨损测试主要有两种办法：一是安装测试短管并在磨损前后称重；二是直接测量管道壁厚。但是，为了获得可测量的质量损失或厚度损失，测试时间可能长达数周甚至数月，在这段时间内，料浆浓度、颗粒直径等许多流动参数不可能保持恒定，因此磨损数据不能直接与特定的流动参数相联系。此外，测试短管的安装和拆卸需要临时关闭管线，这在很多运营场景中是不可行的。相比之下，监测管壁厚度是比较可行的方法，可以辨析管道不同位置的局部磨损速率，为旋转或更换管道提供依据。

由于现场规模的管道磨损实验时各影响因素很难进行改变，因此经常采用室内小型实验装置进行测试[16-17,75,90]。迄今为止，国内外学者开发出众多的小型磨损实验装置，这里介绍几种在浆体输送管道磨损研究中常用的实验装置的测试原理和优缺点。

1.3.2.1 环管磨损系统

环管磨损系统是研究管道磨损的一种常用装置[75,91-92]，其主体与常规的环管系统没有区别，即包括搅拌机、输送泵、管道、流动参数测量系统（压强、流量和浓度）等部分。一般在输送管道中安装可拆卸的磨损测试短管。

环管磨损实验系统的优点是规模较小，可以使用不同的料浆、浓度、流速和测试短管材质，操作参数容易控制。缺点是测试周期长，一组测试所需时间从9[93]~20 h[94]到上百小时[91-92]不等，同时存在颗粒细化现象，需要定期更换料浆，变相增大了料浆消耗。Cooke 提出了一种消除颗粒细化影响、计算新鲜料浆对管道磨损速率的实验方法[16]：固定所有其他参数，更换 5 次新鲜料浆，更换时间间隔分别为 5 h、10 h、20 h、40 h 和 80 h，磨损速率随料浆更换时间的增加呈指数递减。用指数关系拟合磨损速率与新鲜料浆的更换时间，然后将最佳拟合曲线外推到更换时间的零点，此时对应的磨损速率即为新鲜料浆对管道的真实磨损速率。环管磨损系统的另一个缺点是，还没有很好的办法将小直径管道的磨损数据用于预测大直径管道的磨损速率[95]。尽管环管磨损实验存在上述缺点，但其中的料浆处于真正的圆管流动状态，因此环管磨损实验是最接近工业管道实际的一种磨损研究方法。

1.3.2.2 轮环磨损实验机

轮环磨损实验机[16,89,96]可以看作一段矩形截面的管道弯曲形成车轮状，磨损试样均匀固定于弯曲管道的外周，整个系统由电机带动作旋转运动。实验时通常料浆充满轮环的三分之一，在重力的作用下固体颗粒会落在轮环的底部。轮环每转一圈，料浆就会对试样造成磨损，相对速度等于轮环外周的线速度。通过试样的表面积和实验前后的重量差即可计算磨损速率，试样的表面形貌还可以用来评估磨损模式。典型的轮环磨损实验机如图 1-5 所示，由 4 个轮环组成，每个轮环外周均布 4 个磨损试样（图 1-5 中 A、B、C、D）。

(a)

(b)

图 1-5 轮环磨损实验机外观图[97]

（a）整体结构；（b）轮环

轮环磨损实验机的优点是料浆不经过泵而只与管壁接触，因此颗粒细化程度小于环管测试。此外，轮环磨损实验机所需料浆体积也明显小于环管磨损系统。但是，由于轮环截面是矩形的，料浆流动与管道流动并不完全相同。也有采用圆形截面的轮环磨损实验机，但很难保证磨损试样的曲率与管道的曲率一致。此外，轮环转速超过一定值后，料浆会被轮环携带而不再静止在轮环底部，因此存在最高限速[89]。

从文献中看，轮环磨损实验机运用最多的场景是研究沉降型粗颗粒对管道底部的磨蚀磨损[16,97]，还未见用于充填管道磨损研究的报道。高浓度充填料浆黏度很大，有可能黏附在轮环内壁上而不会与管壁形成相对运动。

1.3.2.3 滚筒磨损实验机

滚筒磨损实验机[22-23,98-99]结构与轮环磨损实验机类似，可以看成将料浆装入一节两端密封的短管中，短管轴向旋转过程中料浆就会与滚筒做相对运动，对滚筒内壁造成磨损，根据实验前后滚筒的质量差就可以计算磨损速率。滚筒实验机的外观如图 1-6 所示。

(a)

(b)

图 1-6 滚筒实验机外观[22,99]

(a) 长筒型；(b) 扁平型

研究表明，磨损速率与滚筒长度无关，而是取决于滚筒直径和旋转速度[98]，因此可以尽量降低滚筒的长度，如图 1-6（b）所示，以节约实验用料。滚筒实验机的优点是实验用料少，但实验周期很长（如 160 h[8]），主要是因为滚筒自重较大，而大量程的高精度计量秤基本没有，需要长时间的磨损才能保证滚筒质量损失与滚筒自重产生显著差异，以减少测量误差。与轮环磨损实验机类似，滚筒实验机也存在最高限速，如威华塔斯兰得金矿的英美研究实验室（AARL）使用滚筒实验机测试时的最高线速度约为 0.8 m/s[11,19]。

1.3.2.4 罐式磨损实验机

罐式磨损实验机通常由叶轮、罐体和电机组成，有的还配备加热/冷却装置和充氮除氧装置。磨损试样浸没在罐内的料浆中，电机带动试样旋转并与料浆产生相对运动，进而产生磨损。罐式磨损实验机可以研究靶材种类、转速、冲击角和料浆特性等因素对磨损的影响。典型的罐式磨损实验机如图 1-7 所示，磨损试样可以是圆柱状[75]，也可以是薄片状[90,100]。采用薄片状的试样时，试样夹持臂上一般带有分度盘来标定试样与料浆的相对运动角度，可用于研究冲击角度对试样磨损的影响。通过试样的表面积和实验前后的质量差即可计算磨损速率，试样的表面形貌还可以用来评估磨损模式。

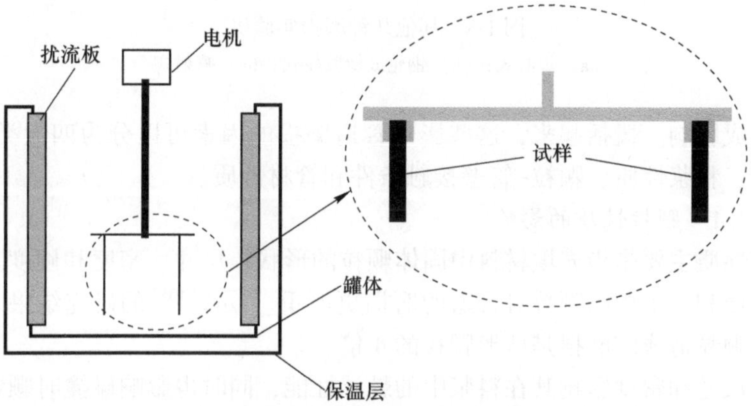

图 1-7 罐式磨损实验机结构示意图[101]

罐式磨损实验机的优点是料浆消耗少，罐体体积一般小于 10 L[90,94,100]；测试周期短，磨损试样很快就能产生可称量的质量损失，完成一组冲蚀测试所需时间通常小于 2 h[94,100]。Gupta 等人[94]研究表明，罐式磨损实验机的测试结果与环管磨损实验结果吻合较好，他们认为罐式磨损实验机最适合用于研究浆体输送管道的磨损。有文献[77]进行过统计，罐式磨损实验机在浆体管道磨损研究中使用最多，占比达 38%。

除上述磨损实验装置外，还有科里奥利离心式磨损实验机[102]、钢轮或橡胶轮式磨损实验机[103]和喷射式磨损实验机[104]，如图 1-8 所示。

科里奥利磨损实验机和喷射式磨损实验机的料浆速度多在 10 m/s 以上，远高于普通浆体输送管道的流速范围；而钢轮或橡胶轮磨损实验机虽然实验周期短（比如 2 min[39]），但不能研究料浆浓度和速度的影响，更多的是用于比较材料的耐磨性能。

1.3.3 管道磨损影响因素

料浆流速和方向、浓度、黏度、颗粒粒径和硬度、管材硬度等因素都会对管

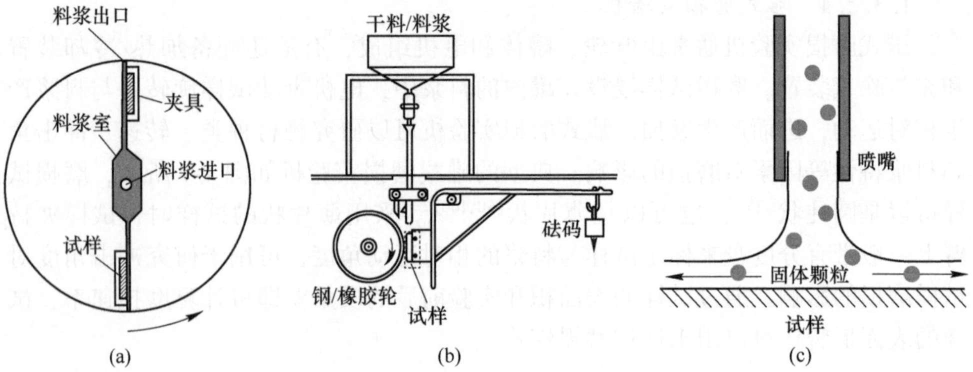

图 1-8　其他几种磨损实验机

（a）离心式；（b）钢轮或橡胶轮式；（c）喷射式

道磨损造成影响。概括起来，这些影响管道磨损的因素可以分为四大类[75]，即颗粒性质、料浆性质、颗粒–管壁接触条件和管材性质。

1.3.3.1　颗粒性质的影响

颗粒性质主要是指充填材料中固体颗粒的形状、尺寸、密度和硬度。相比圆滑颗粒，锋利、不规则颗粒对管道的磨损更严重。Levy[105] 的研究结果表明，棱角分明的颗粒造成的磨损是球形颗粒的 4 倍。

颗粒尺寸和密度影响其在料浆中的悬浮性能，同时也影响碰撞时颗粒向管壁转移的动能大小。粗颗粒或者大密度颗粒易在管底沉积推移，对管道冲蚀降低但加剧管道底部磨蚀磨损[106]。速度一定时，颗粒质量越大，其撞击管壁所转移的动能也越大，对管壁的磨损就更严重。大量研究表明，冲蚀磨损速率 W_e 与颗粒尺寸呈幂律函数关系[107-108]，如式（1-1）所示，颗粒粒径的指数 n 多为 0.2~4[75,109]。

$$W_e \propto d^n \tag{1-1}$$

式中，d 为颗粒的代表粒径。Gandhi[110] 的研究表明，多粒径骨料取加权粒径作为代表粒径最为合适。

Creber[38] 等人发现，冲蚀速率随颗粒粒径的增大而增大，但在平均粒径 140 μm 左右时，冲蚀速率趋于平稳，之后粒径的增大对冲蚀速率影响不大。Shirazi[111] 等人也发现，对于大于 100 μm 的颗粒，粒径对冲蚀磨损的影响并不显著。Shook[112] 通过环管实验发现，管壁所受接触载荷随粒径的增加而接近极限，颗粒足够大时，管道磨蚀速率不受粒径影响。因此，在特定条件下存在一个不再影响磨损速率的“平台粒径”。

颗粒硬度对管道磨损的影响，一般是随颗粒硬度与管材硬度比值的增大，磨损速率不断增加，硬度比增加到一定值后对磨损速率影响不大[78]。例如，

Levy[105]使用不同硬度的方解石、磷灰石、沙子、氧化铝和碳化硅颗粒，对硬度为 15 MPa 的 AISI 1020 碳钢进行冲蚀测试，颗粒硬度超过 70 MPa 后（颗粒不破碎），冲蚀磨损速率基本保持不变。

综上，通过筛分去除粗颗粒，适当添加细颗粒，或者适当增大管材硬度，可有效降低管道磨损速率。某矿山将充填料中-10 μm 细颗粒含量由 7.7%提高到 10%，管道磨损速率降低了 50%~60%[113]。

1.3.3.2 料浆性质的影响

料浆性质主要是指料浆的浓度、黏度、温度和腐蚀性。料浆浓度对管道磨损的影响规律，一般的定性认识是：料浆浓度较低时，随着料浆浓度增大撞击管壁的颗粒数目也相应增多，因而管道磨损速率增大；料浆浓度较高时，颗粒间相互作用强烈，管壁附近的颗粒数目也增多而形成屏蔽效应[78]，因而管道磨损速率降低。大量研究表明，冲蚀磨损速率 W_e 与料浆浓度 C_w 呈幂律函数关系[75,78,94,107]，如式（1-2）所示。

$$W_e \propto C_w^n \tag{1-2}$$

式中的实验常数 n 与实验条件有关，如 Gupta[94]测得黄铜和低碳钢对铜尾矿料浆浓度的指数 n 分别为 0.516 和 0.556，而 Rawat[72]测得黄铜对粉煤灰料浆浓度的指数 n 为 3.41。造成这种差异的一个可能原因是，Gupta 研究的是浓度 15%~45%的低浓度料浆，而 Rawat 研究的是浓度 50%~70%的中高浓度料浆。

对于充填料浆而言，除超细尾砂外浓度普遍大于 70%，料浆中固体颗粒的相互作用占主导地位，颗粒相互碰撞大幅削弱了颗粒撞击管壁所转移的动能，因而有助于降低管道冲蚀磨损。但是，浓度升高后管道输送沿程阻力、与管壁接触的固体颗粒数目都相应增加，管道总磨损速率如何变化还没有统一认识。王佩勋[71]认为充填料浆浓度越大，管道磨损速度越快，因为随着固体颗粒数量的增加，颗粒间相互作用程度呈指数函数增加，从而使阻力增加，磨损相应加剧。肖卫国[11]的观点与王佩勋类似。但是，Steward[34]的小型环管磨损实验结果表明，管道磨损速率随充填料浆密度（浓度）的增加而降低，通过提高料浆密度（浓度）可以降低管道的磨损速率。

料浆黏度对管道磨损速率的影响研究较少，一般认为，料浆黏度越大，其对固体颗粒的悬浮能力也越强[78]，颗粒不容易沉降且在管道断面上分布均匀，有利于对管道形成均匀磨损[114]。过江[115]的数值模拟结果表明，载流体黏度对管壁冲蚀磨损影响显著，主要原因是颗粒在高黏度下对流体追随性好，黏度增加，颗粒所受载流体黏滞阻力也增加，阻止了颗粒频繁撞击管壁。与浓度相似的是，充填料浆黏度越大，其管输阻力也越大，管道总磨损速率如何变化还不清楚。

温度对管道磨损也有一定影响，一般是随着温度升高磨损速率也升高。有研究表明，料浆温度 175 ℃时合金钢的冲蚀磨损速率大约是 95 ℃时的 6 倍，这与高温时料浆黏度和靶材的韧性变化等因素有关[75]，但是料浆温度30~90℃时对钢材磨损的影响非常微弱[116]。充填管道运行温度一般低于50 ℃，目前还未见到考虑充填料浆温度对充填管道磨损影响的报道。

Buchan[85]使用环管系统研究了体积浓度42%、pH值分别为9.4和11的两种充填料浆对管道的磨损，使用阴极保护系统避免料浆对管道的腐蚀磨损后，管道总磨损速率降低67%~80%。Buchan的研究同时表明，机械磨损与腐蚀存在很强的协同作用，总磨损速率远大于机械磨损与纯腐蚀之和。Calderon-Hernandez[86]和Jones[87]等人分别使用带阴极保护系统的实验装置并配合使用电化学测试技术，得出了与Buchan类似的结论。

1.3.3.3 接触条件的影响

接触条件主要指料浆流速和固体颗粒撞击管壁的角度。颗粒质量一定时，颗粒速度越大，其具有的动能也就越大，撞击管壁时相应造成更高的局部应力和冲蚀磨损速率。现有研究均表明，管道冲蚀磨损速率 W_e 与料浆流速 v 呈幂律函数关系[58,94,109,117]，见式（1-3）。

$$W_e \propto v^n \tag{1-3}$$

式中实验常数 n 多为1.4~3.0[88,109,118]，开普敦大学的研究结果表明，对中低浓度的充填料浆体来说，管道寿命流量与浆体速度的1.78次方成反比[119]。可见，流速对管道磨损速率影响十分显著。甚至有学者认为，料浆流速对管道磨损的影响最为显著，流速加倍则磨损速率增加4~6倍[120]。因此，降低流速对降低管道磨损具有重要作用，Cooke[17]建议充填料浆流速应控制在4 m/s以下。为确保充填流量，可通过加大管径来降低流速进而减少管道磨损[58,88,121]。值得注意的是，Rawat[72]通过罐式磨损实验机建立的磨损模型中，粉煤灰料浆流速的指数为1.12，而浓度的指数为3.41，即浓度的影响大于流速的影响。导致这种差异的可能原因是Rawat研究的是浓度为50%~70%的中高浓度料浆，而其他学者研究的大多是浓度低于40%的中低浓度料浆[94,107,122]。

颗粒冲击方向与靶材表面夹角也是影响冲蚀磨损的重要因素，现有冲蚀磨损数学模型大部分都含有角度变量。对于钢管这类韧性材料，冲击角在20°左右时冲蚀磨损速率最高[90,123]，而在直管道中颗粒冲击角度小于5°[78]，这也是直管磨损显著小于弯管的原因之一[88]。

1.3.3.4 管材性质的影响

管材特性主要指材料的硬度、成分和微观结构等。研究表明，管道材料在决定其磨损速率方面起着关键作用[124]。通常认为，管道材料越硬其抗磨损能力也越强。然而，靶材的韧性会使冲蚀速率和硬度之间的关系复杂化，因为硬度的增加通常意味着韧性的降低，可能通过脆性机制增加冲蚀速率[125]。目前的共识是，适当提高管材硬度对降低管道磨损有益，但不是管道越硬耐磨能力越好。

Levy[126]的研究表明，较硬但韧性较差的材料也可能比相对较软但韧性较好的材料磨损得更多。白秉哲[127]的研究也表明，保证一定硬度时增加材料的韧性和微观组织的协调变形能力，有利于增加材料的抗冲蚀能力。总体而言，如果两种材料具有相同的硬度值，在相同的条件下，韧性越好的材料抗磨损能力越好[75]。研究还表明，材料的致密程度对其耐磨性也有显著影响，Ye[128]发现提高钛镍合金表面孔隙率将显著降低试样的耐磨性。

采用新型耐磨管材是提高管道使用寿命的有效措施，如贝氏体钢管的耐磨性能是钢橡复合管道的4倍，陶瓷管道的2倍，传统X80管线钢的10倍[127]。以耐磨弹性体（Si-TPE）为内层，高密度聚乙烯（HDPE）为外层制成的新型超耐磨复合管道（HDPE/Si-TPE），耐磨性是超高分子量聚乙烯（UHMWPE）管道的2~3倍、钢管的5倍以上[129]。金川镍矿的经验表明，钢-高铬铁双金属管材的耐磨性能是16Mn无缝钢管的7~10倍，而且强度、韧性和可焊接性均较好[12]。而原来采用ϕ133 mm和ϕ103 mm无缝钢管作充填管，报废前的料浆输送量仅2×10^5 m^3左右，见表1-2[14]。近年来，金川镍矿通过不同耐磨管材的实验，选择了直径ϕ133 mm的钼铬双金属和刚玉（陶瓷）这两种耐磨性能更好的充填管道。目前，双金属复合耐磨管道与堆焊复合耐磨管道综合了抗冲击、抗切削磨损、抗腐蚀等优点[130]，会泽铅锌矿就是从大量管材中筛选确定了双金属复合管作为3号充填钻孔内的管道[114]。

表1-2 金川镍矿充填管道数据[14]

序号	管道名称	管道壁厚/mm	耐磨层厚度/mm	单位质量/(kg · m^{-1})	单价/(元 · t^{-1})	平巷使用寿命（以充填多少体积后报废计）/m^3
1	钼铬双金属管	14	9	43	12500	$\geqslant120\times10^4$
2	刚玉耐磨管	11.5	6.5	37	12500	$\geqslant100\times10^4$
3	普通无缝钢管	5	0	13	6700	20×10^4

值得注意的是，Shook[131]等人使用50 mm环管系统研究了不同管材的耐磨性，结果表明高密度聚乙烯在接触细砂料浆时比钢具有更好的耐磨性，而钢在接触粗砂料浆时比聚乙烯具有更高的耐磨性。曼彻斯特工业大学的研究表明，当管道中浆体处于层流时，用中密度聚乙烯和聚氨酯作钢管衬里最耐磨[98]。因此，必须根据料浆性质和流动状态来选择适合的耐磨管材。对于高浓度充填料浆输送管道，则还必须具有较高的耐压能力。不同级别的碳素钢的抗腐蚀性能很少或没有区别[132]，对具有较强腐蚀性的充填料浆则需对管道进行防腐处理。此外，选择管材时成本也是必须考虑的重要因素，16Mn钢以其较高的性价比目前仍在矿山充填领域大量使用。

1.3.4 管道磨损观测技术

磨损研究必须对材料磨损进行观测和测量，前者主要指观察和获取材料磨损前后的微观图像，后者主要指对材料磨损程度进行量化。

1.3.4.1 质量损失测量

称重是一种简单、经济的实验室磨损研究方法，通过测量试样在实验过程中的质量损失来计算试样的磨损。正常情况下，质量测量是用一个高精度的天平来进行的。比如使用轮环磨损实验机和罐式磨损实验机时，称量试样的天平精度一般要求为 0.1 mg[72,90,94]；在工业管道或环管磨损系统安装测试短管时，天平精度一般要求为 10 mg[33,93]。

称重法的缺点是只能表征试样的整体磨损，不能提供局部磨损的信息。试样表面可能会吸收某些物质（如油渣），为了得到准确的数据，必须采用特定的方法去除这些残留物质[16,72]。此外，随着试样质量的增加，如大型的磨损测试短管，质量测量的准确性将会下降[133]。

1.3.4.2 厚度损失测量

厚度测量法通过测量管道的壁厚来计算特定位置的局部磨损，最常用的测量工具是超声波测厚仪。超声波测厚是一种无损检测方式，操作时不影响管道输送的正常作业，测试精度较高，管道壁厚小于 20.00 mm 时测量精度可达0.001 mm，壁厚大于 20.00 mm 时测量精度可达 0.01 mm。超声波测厚适用于局部磨损测量，管道结垢和料浆沉积等情况也不影响测量[36]，可以用于金属和塑料材料，但不能用于复合材料。

超声波测厚的缺点是只能检测裸露管道的壁厚，不能检测充填钻孔内的管道壁厚。为此，已开发出可深入钻孔内部的钻孔探伤仪[134]，如图 1-9 所示。

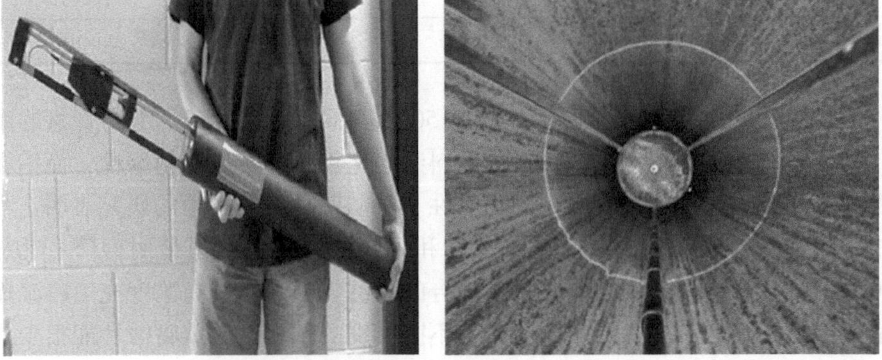

(a)　　(b)

图 1-9　钻孔探伤仪

（a）仪器主体；（b）垂直管道内径检测

钻孔探伤仪通过激光测量管道内径，与磨损前的管道内径相减即可获得管道壁厚的磨损量。同时，钻孔探伤仪还可对钻孔内部进行拍照，直接确定钻孔破损位置。

1.3.4.3 磨损图像分析

除了磨损失重量的测量，图像分析也是研究磨损规律和机理的一种非常重要的技术手段。一种简易方法是在试样表面涂上油漆[135-136]，当试样暴露在料浆中时油漆层会被磨掉，根据产生的图像可以检测出磨损点。该方法可以大大缩短实验时间，但无法反映材料性能对磨损的影响。对于更精细的研究，常用扫描电镜（SEM）、透射电镜（TEM）、电子背散射衍射（EBSD）和X射线衍射（XRD）等精密设备和技术来获取试样的微观磨损形貌（如划痕、冲坑、碎屑等）和金相组织变化，用于解释材料在不同条件下的磨损机理。

1.3.5 管道磨损机理

目前浆体输送管道磨损研究主要集中于冲蚀磨损，管道磨损机理研究也主要是针对管道的冲蚀磨损。一般认为，不管是脆性材料还是塑性材料，冲蚀磨损都是由两种主要机制引起的，即微切削磨损和变形磨损。

1.3.5.1 微切削磨损理论

微切削磨损理论由Finnie[137]提出，主要针对的是塑性材料，该理论将固体颗粒抽象为微型刀具，当固体颗粒冲击材料表面时，尖角会将材料削掉。当固体颗粒以较小冲击角度撞向材料表面时，材料表面受到的主要是倾斜的剪切应力。当材料的变形强度不足以承受持续增加的冲击应力时，产生塑性形变，在表面出现凹痕，并在周围产生细屑，细屑会被随后颗粒撞击去除，导致材料质量减少，表面上留有较多压痕和划痕。在低冲击角时，塑性材料的磨损机制主要为固体颗粒的微切削作用[78]。但是，微切削磨损理论不能完全诠释高冲击角下材料的冲蚀情况[138]。

1.3.5.2 变形磨损理论

Bitter[139-140]提出的变形磨损理论将磨损视为切削磨损和变形磨损的总和。当固体颗粒的冲击应力小于靶材的屈服强度时，材料表面只发生弹性变形；反之，靶材将出现弹性和塑性两种变形。此外，经固体颗粒反复撞击的材料表面弹性应力极限将变大，这是材料发生加工硬化所致，若碰撞应力持续增加，则材料表面将产生裂纹。在高冲击角时材料的磨损机制主要是变形磨损[78]，因此变形磨损理论可用于解释不满管垂直充填管道中的冲击磨损。不满管的垂直充填管道中料浆自由下落速度可高达50 m/s，下落到料浆-空气交界面时剧烈地向四周迸射，对管壁的冲击角度和冲击应力均较大。

1.3.5.3 两阶段冲蚀理论

Tilly[141]通过摄影技术和金相分析发现，塑性材料的冲蚀可分为两个阶段。

第一个阶段是当固体颗粒撞击靶材表面时，产生一个凹痕，可能会去除金属碎片。第二个阶段是粒径较大的固体颗粒在撞击靶材时可能会破裂成许多较小的颗粒，破碎的颗粒或从靶材表面反弹，或撞击到初始撞击部位周围，对靶材造成二次损伤。靶材的总磨损速率就是这两个阶段磨损速率的总和。对于不满管的垂直充填管道，特别是充填料浆中含有粗骨料时，粗骨料很可能与管壁剧烈碰撞后破裂，对管壁产生两阶段冲蚀磨损。

1.3.6　管道磨损预测模型

管道磨损研究的一个重要目标就是以数学形式建立管道磨损速率与管道系统中可变参数之间的定量关系，从而预测管道的磨损速率或剩余寿命。由于管道磨损的多因素复杂性，大部分学者都将管道磨损总量视为工作时间的线性函数[3]，环管磨损实验、罐式磨损实验、喷砂冲蚀实验和橡胶轮磨损实验结果也表明磨损总量与时间是线性关系[38,142-145]，这种简化为建立管道磨损速率预测模型提供了便利。

浆体管道磨损速率的预测很大程度上是基于类似管道系统的经验[17]，典型的方法是利用实测数据建立管道磨损速率与各影响因素的相关关系，来预测管道磨损，然后将预测结果与现场数据进行比较，最后用于估计和解释浆体管道中的磨损[16]。因此，目前已建立的浆体输送管道的磨损预测模型，绝大部分都是经验模型。

Gupta 等人[94]利用环管实验测量了黄铜和低碳钢在低浓度铜尾矿浆中的磨损速率，实验变量包括固相浓度、速度和颗粒直径，据此提出了一个组合幂律函数模型来预测这些参数对冲蚀磨损速率的影响。

$$W = Kv^m d^n C_w^p \tag{1-4}$$

式中，d 为颗粒的平均粒径，m；C_w 为料浆浓度，%；v 为料浆平均速度，m/s；K、m、n 和 p 与实验条件和实验材料有关。

Faddick 提出了管径与充填管道磨损的通用公式，如式（1-5）所示[88]：

$$W = \frac{C}{v^n}\left(\frac{R}{r}\right)^2 \tag{1-5}$$

当输送量一定时，式（1-5）可用式（1-6）表示，即：

$$W = AR^{2n+2} \tag{1-6}$$

式中，W 为管壁磨损 1 mm 时输送料浆量，t/mm；v 为料浆平均流速；C、n 为常数，与固体物料和料浆浓度有关，由实验确定；R 为管道外径；r 为管道内径；$A = \frac{C}{r^2}\left(\frac{\pi}{Q}\right)^n$，$Q$ 为料浆流量。格瑞克通过实验测得常数 n 的数值为 0.85～4.5，从式（1-6）可知，n 为 0.85 时 R 的指数为 3.77，因此增大管径能改善管道的磨损状况。金川镍矿充填管道磨损速度由快到慢的管道直径顺序为[88]：152 mm、179 mm、200 mm、219 mm、245 mm、300 mm，说明增大管径可降低充填管道磨损速度。Steward[34]的小型环管磨损实验结果也表明，管道磨损速率随管径的增大而减小。

甄云军[109]针对精矿的长距离紊流输送，提出一种根据已有管道磨损数据预测相似工况条件的管道磨损的方法：

$$W_2 = W_1\left(\frac{d_{m2}}{d_{m1}}\right)^{2.15}\left(\frac{v_2}{v_1}\right)^{1.85} \tag{1-7}$$

式中，W_1 和 W_2 分别为已知和待预测管道的磨损速率，mm/a；d_{m1} 和 d_{m2} 分别为已知和待预测管道输送的颗粒平均粒径，m；v_1 和 v_2 分别为已知和待预测管道的平均流速，m/s。甄云军提出的管道磨损预测公式的应用难点和重点在于判定两条管道是否属于相似工况条件，需要从料浆粒度、硬度、浓度和管材性质等方面进行综合判断。

Steward[34]在紊流条件下环管冲蚀磨损实验的基础上，提出了一个基于管道沿程阻力来预测管道磨损速率的模型，如式（1-8）所示。

$$\ln W = \ln k + [D/(\Delta p/L)] \cdot n \tag{1-8}$$

式中，W 为管道磨损量，μm；D 为管道内径，m；$\Delta p/L$ 为管道沿程阻力，Pa/m；k 和 n 为与实验条件有关的回归系数。Sadighian[101]的环管磨损实验结果表明，管道磨损速率不仅与管道沿程阻力有关，也与料浆中颗粒类型有关。因此，式（1-8）仅能用于特定的料浆和管道。

王新民[19]针对水平充填管道提出了磨损量的计算框架。首先，管道磨损与料浆性质有关，即与输送浓度 m_z、料浆体重 γ_j、骨料硬度系数 δ_g、颗粒形状不规则系数 ψ_g、固体颗粒的平均粒径 d_{cp} 等成正比关系，因此料浆对管道的磨损系数 k_j 可按式（1-9）确定，其中 k_1 为料浆对管道磨损的修正系数。

$$k_j = k_1 f(m_z, \gamma_j, \delta_g, \psi_g, d_{cp}) \tag{1-9}$$

王新民提出的水平充填管道磨损速率计算框架的优点是考虑因素非常全面，缺点是实际操作比较复杂，其有效性如何还未见相关文献报道，其中的一些参数也还需要进一步研究[19]。

此外，BP 神经网络方法[28,146]等算法也在充填钻孔的磨损使用寿命预测中进行了应用。该类方法主要是对充填管道的已有磨损数据进行学习和训练，进而预测充填管道的磨损速率或使用寿命，在了解充填管道磨损的规律和机理方面的作用有限。

总体而言，目前的浆体输送管道磨损预测模型主要针对中低浓度料浆紊流条件下的冲蚀磨损，还没有专门针对高浓度充填料浆在层流条件下管道磨损预测的理论模型或者经验模型。

1.3.7 管道磨损数值模拟

数值模拟在浆体输送管道磨损研究中应用广泛[46,147-151]，可以就浆体流速、浓度和颗粒粒径等因素对管道磨损的影响进行研究。概括起来，浆体输送管道磨损的数值方法主要分为两种，计算流体力学方法[115,147-150]（computational fluid dynamics，CFD）和计算流体力学加离散元（discrete element method，DEM）的耦合方法[46,151]（CFD-DEM）。

（1）基于 CFD 的管道磨损模拟。过江[115]利用 CFD 方法研究了高浓度充填料浆（浓度 77%）对复杂充填管路的冲蚀磨损，使用欧拉方法求解连续相的 N-S 方程，使用拉格朗日方法求解离散相的轨迹方程，考虑了粗颗粒与连续相间耦合，但忽略颗粒间的碰撞作用。高浓度充填料浆中颗粒之间的相互作用非常强烈，管壁附近的颗粒还起到缓冲颗粒撞击的屏障作用，因此后续研究可将颗粒间的碰撞作用纳入考虑。

（2）基于 CFD-DEM 的管道磨损模拟。CFD-DEM 方法模拟浆体管道磨损一般是由 CFD 计算流场，由 DEM 方法计算颗粒相的运动受力情况，二者以一定的模型进行质量、动量和能量等的传递，进而实现耦合。Gharib[46]利用 CFD-DEM 方法对输送膏体充填料浆的弯管磨损进行了模拟，结果表明弯头形状（弯径比）和膏体流动性对二次流的产生有显著影响，进一步反映在管道磨损速率上。弯管半径为管道直径的 5 倍、膏体屈服应力高时，弯管的磨损速率最低。值得注意的是，混凝土作为一种典型的含粗骨料超高浓度固-液两相体系，CFD-DEM 方法在模拟混凝土输送管道磨损方面已有一些应用[152-153]。

总的来说，数值模拟方法在浆体输送管道磨损研究中应用广泛，但大多是针对中低浓度浆体的冲蚀磨损，涉及高浓度/膏体充填料浆对管道磨损的内容较少。此外，由于管道磨损的复杂性，数值模拟技术更多用于揭示浆体对管道的磨损规律和机理，目前还很难对管道磨损速率进行准确预测。

1.3.8 充填管道可靠性评价

充填管道是连接地表充填站和地下采空区的关键工程，对其进行可靠性评价可以为充填管道的铺设和维护提供理论依据。目前，充填管道可靠性评价方面已有大量的研究成果。张钦礼[154]选取充填料浆中骨料体积分数、充填料浆密度、管道内径、管道偏斜率、充填管道的粗糙度、充填倍线、输送流速与临界流速之比、平均粒径、骨料形状和充填料浆的腐蚀性 10 个影响因素，利用可拓学的原理对充填管道的可靠性进行了评价。薛希龙[30]和过江[28]等学者也开展了类似工作。此外，变异系数法与逼近理想解（technique for order preference by similarity to an ideal solution，TOPSIS）方法[29]、核主成分分析（kernel principal component analysis, KPCA）与粒子群算法-支持向量机（particle swarm optimization-support vector machine, PSO-SVM）方法[27]、粗糙集（rough set, RS）和正余弦（sine cosine algorithm, SCA）算法优化投影寻踪回归（projection pursuit regression, PPR）方法[24]、云模型和改进客观权重赋权法（criteria importance though intercrieria correlation, CRITIC）[25]等方法也在充填管道可靠性评价方面进行了应用。

充填管道可靠性评价目前主要存在两方面不足：一是指标体系比较庞大，导致评价模型较复杂，并且没有对不同类型的管道分别进行评价；二是针对充填管道磨损影响因素的基础性实验研究较少，部分指标权重分配时可能缺乏客观依据。

1.3.9　高浓度充填料浆输送管道磨损研究存在的问题

目前，高浓度充填料浆输送管道磨损研究方面存在的主要问题包括：

（1）针对高浓度充填料浆输送管道磨损的研究很少，中低浓度浆体紊流输送条件下的管道磨损规律不一定适用于高浓度充填料浆输送管道，因为两者从浓度、流态上都有很大差别。粗骨料的加入使高浓度全尾砂料浆的流变特性和颗粒运动特性更趋复杂，料浆浓度、流速、粗骨料含量和粗骨料粒径等因素对充填管道磨损的影响规律还不清晰。

（2）在高浓度充填料浆腐蚀与磨蚀的协同作用下，充填管道总磨损比任何基本磨损形式都要严重，但是高浓度充填料浆对管道的腐蚀仅有定性分析，没有对不同工况参数条件下料浆的腐蚀、磨蚀、腐蚀-磨蚀协同作用在总磨损速率中的贡献率进行量化。

（3）缺少专门针对高浓度充填料浆输送管道磨损速率的理论预测模型或者经验预测模型。

1.4　本书主要研究内容及技术路线

充填管道的形式主要有平直管道、垂直管道和弯管三类。从工程实践来看，弯管和垂直管道的料浆-空气交界面位置的磨损最严重，其磨损形式和机理也更为复杂，研究难度也最大。垂直管道不满管段磨损调控的主要手段是增加管道阻力以提高满管率[155]，而高浓度充填料浆因其高管输阻力在这方面具有天然优势。平直管道的磨损虽然相对较低，但其在整个充填管道中的占比最高可达80%[156]，远期看来平直管道的维护和更换工作最繁重。鉴于当前针对（掺粗骨料）高浓度全尾砂充填料浆输送管道磨损方面的系统性研究较少，本书选择磨损规律相对简单的平直管道作为主要对象开展先导性研究。由于平直管道和各类弯管在正常充填过程中均属于满管流状态，因此研究平直管道的磨损规律可为研究磨损机制更复杂的弯管磨损奠定基础。

1.4.1 主要研究内容

针对掺粗骨料高浓度全尾砂充填料浆输送管道磨损规律还不清晰等问题，本书作了如下研究：

（1）全面梳理掺粗骨料高浓度全尾砂料浆对充填管道的磨损作用。从冲蚀、磨蚀和腐蚀三种基本磨损类型入手，结合矿山充填过程、料浆流态和高浓度全尾砂料浆对粗骨料的承载能力，分析掺粗骨料高浓度全尾砂料浆对充填管道的机械磨损作用、腐蚀磨损作用，以及机械磨损和腐蚀磨损的协同作用。

（2）掺粗骨料高浓度全尾砂料浆充填参数对管道磨损的影响规律。通过磨损实验研究机械磨损和腐蚀磨损协同作用条件下料浆浓度、流速、粗骨料粒径和粗骨料含量等充填参数对管道磨损的影响规律，分析各因素对管道磨损的影响强弱排序，得到单因素和多因素回归模型。

（3）构建掺粗骨料高浓度全尾砂充填料浆输送管道的磨损预测模型。研究磨损速率与壁面剪切应力的关系，分析管道压强对管道磨损的影响，以壁面剪切应力为桥梁，基于室内大气压强条件下的磨损实验结果建立高压充填管道磨损的预测模型。

（4）高浓度全尾砂料浆中粗骨料对充填管道磨损机制的数值模拟。通过数值模拟手段研究高浓度全尾砂料浆中的粗骨料在管壁附近的运动规律和管道的磨损规律，揭示粗骨料对管道的机械磨损机制。

（5）充填管道磨损防控技术及磨损预测模型验证。将研究成果进行工程应用，对依托矿山的料浆浓度、流速等充填参数等提出建议，提出控制充填管道磨损的工程措施。

1.4.2 技术路线

本书的技术路线如图 1-10 所示。

（1）对高浓度充填料浆输送管道磨损领域的研究现状进行调研总结，从中提炼出研究问题，指出开展本书研究的必要性和研究意义，确定研究内容。

（2）通过理论分析、现场观测和室内实验等手段全面分析掺粗骨料高浓度全尾砂料浆对充填管道的磨损作用。以粗骨料与管壁的接触应力评价管道磨损程度，基于赫兹弹性接触理论分析粗骨料粒径、速度、密度、碰撞角度等因素对正常充填阶段管道磨蚀和洗管阶段管道冲蚀的影响规律。开展浸泡腐蚀实验研究水质、水泥添加量对管道腐蚀的影响规律，测试腐蚀产物的硬度，分析机械磨损和腐蚀磨损对管道总磨损的促进作用。

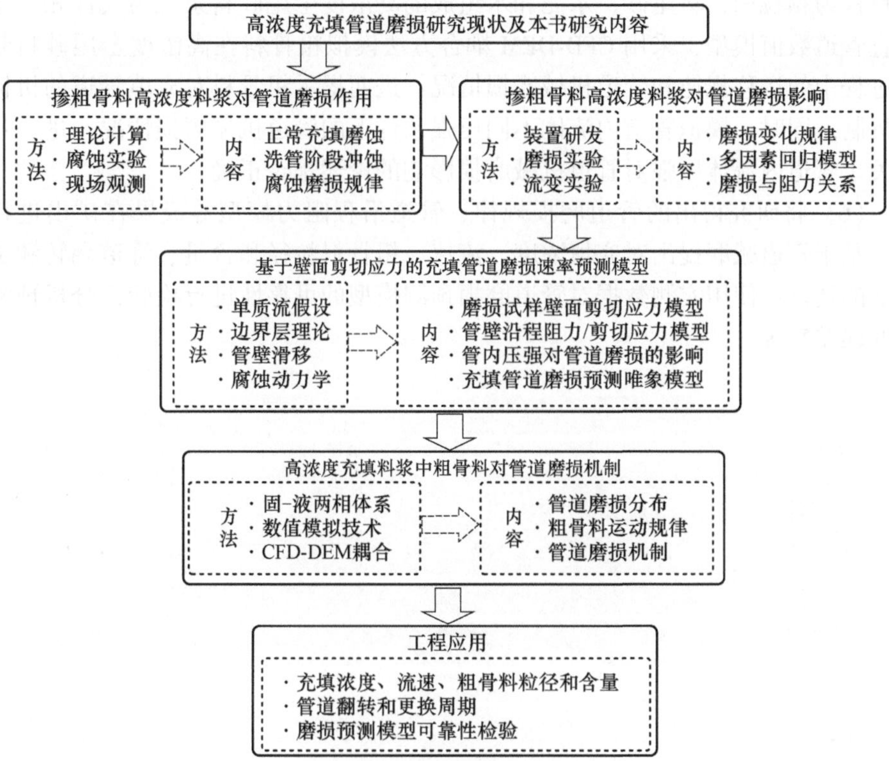

图 1-10 研究技术路线

(3) 研发小型磨损实验装置，在其中引入简易阴极保护系统，通过磨蚀-腐蚀协同磨损实验研究料浆浓度、流速、粗骨料含量和粗骨料粒径等因素对充填管道磨损的影响规律和相对影响强弱，建立料浆浓度、流速等因素与磨损速率的单因素和多因素回归模型。结合第 2 章的浸泡腐蚀实验结果，对纯磨蚀速率、纯腐蚀速率和磨蚀-腐蚀协同磨损速率在总磨损速率中的贡献率进行量化。在磨损实验的同时，通过流变实验得到掺粗骨料高浓度全尾砂料浆的流变模型和流变参数，用于初步探索管道磨损与沿程阻力的关联。

(4) 将掺粗骨料高浓度全尾砂料浆概化为单质流体，将磨损试样视为在料浆中运动的平板，在边界层理论中引入料浆屈服应力推导磨损试样表面的剪切应力并建立与磨损速率的函数关系。基于高浓度充填料浆的流变模型，引入壁面滑移理论推导出其管输沿程阻力模型并通过实测数据进行验证，用于求解管壁剪切应力。通过理论分析和实测数据研究管道内流体压强对管道磨损的影响，进而论证采用大气压强环境下罐式磨损实验结果预测高压强条件下充填管道磨损速率的可行性。以磨损试样和管壁的剪切应力为桥梁，建立充填管道磨损预测模型。

(5) 回归到掺粗骨料高浓度全尾砂料浆为固-液两相体系的实际情况，将粗骨料视为颗粒相，将尾砂、水泥和水组成的高浓度全尾砂料浆视为流体相，建立平直管道数值模型，采用 CFD-DEM 耦合方法模拟粗骨料在高浓度全尾砂料浆管输过程中的运移规律和管道机械磨损情况，进而揭示粗骨料对充填管道的机械磨损机制。同时，模拟管道内流体不同压强条件下的管道机械磨损情况，进一步检验关于管道内流体压强对管道机械磨损影响的论述是否正确。

（6）将研究得出的管道磨损规律、管道沿程阻力模型等成果在矿山进行应用，基于管道减磨提出对充填浓度、流速、粗骨料粒径和含量、管道翻转和更换周期的建议；使用实测数据对管道磨损预测模型的可靠性进行检验，分析预测模型的误差来源。

2 掺粗骨料高浓度全尾砂料浆对充填管道磨损作用分析

如第 1 章所述，充填管道的磨损可分为冲蚀磨损、磨蚀磨损和腐蚀磨损三种基本类型，在此基础上还可能存在这三种基本磨损类型组成的协同磨损。但是，冲蚀磨损和磨蚀磨损这两种基本磨损类型具体发生在矿山充填的哪个阶段、其相应的特点是什么，目前大多依靠经验判断，缺乏量化分析。此外，高浓度充填料浆对管道的腐蚀规律目前仅有定性描述，还没有进行量化分析。针对上述问题，本章对充填管道的三种基本磨损形式进行全面梳理。首先根据矿山充填过程和掺粗骨料高浓度全尾砂料浆在管道中的流态，以颗粒与管壁的接触应力评价管道磨损程度，定量分析掺粗骨料高浓度全尾砂料浆对充填管道的机械磨损作用。然后通过腐蚀实验定量研究水质、水泥添加量对管道腐蚀的影响规律，测试腐蚀产物的硬度，分析机械磨损和腐蚀磨损对管道总磨损的促进作用。

2.1 高浓度充填料浆管道输送流态分析

高浓度充填料浆在管道输送过程中的流态主要指其是处于层流、过渡流还是紊流，直接决定了料浆中的固体颗粒与管壁的接触形式。大部分（掺粗骨料）高浓度全尾砂料浆都可以视为宾汉塑性流体[49,51,157-161]，其流变模型为：

$$\tau = \tau_0 + \eta\dot{\gamma} \tag{2-1}$$

式中，τ 为剪切应力，Pa；τ_0 为动态屈服应力，Pa；η 为塑性黏度，Pa · s；$\dot{\gamma}$ 为剪切速率，s^{-1}。对流变测试得到剪切应力–剪切速率数据进行线性拟合，得到的截距和斜率分别为动态屈服应力和塑性黏度，如图 2-1 所示。

宾汉塑性流体从层流状态开始向紊流状态过渡的流速对管道直径不敏感，过渡流速 v_{tB}（m/s）可以近似表述为[162]：

$$v_{tB} = k_t\sqrt{\frac{\tau_0}{\rho_m}} \tag{2-2}$$

式中，ρ_m 为料浆密度，kg/m^3；系数 k_t 的取值范围一般为 22~26。

以粗骨料充填典型矿山金川镍矿为例，料浆屈服应力为 38.13 Pa，塑性黏度为 0.2446 Pa · s，密度为 2007.2 kg/m^3，管道内径为 0.11 m，根据现场流速计算的雷诺数在 2100 以下[161]，计算的过渡流速为 3.03~3.58 m/s。一些学者

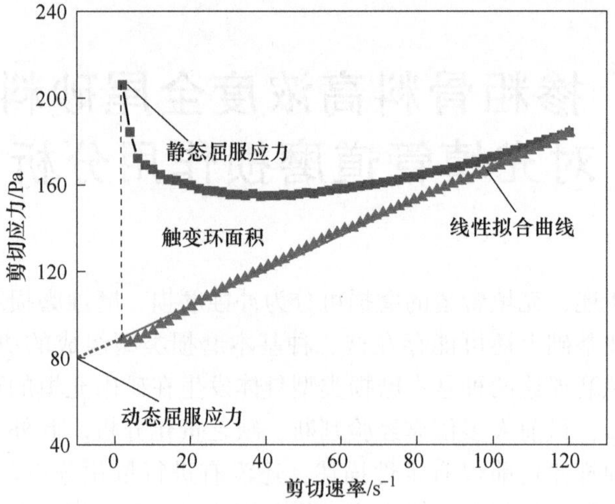

图 2-1 （掺粗骨料）高浓度全尾砂料浆的典型流变测试曲线

也通过环管实验和理论计算发现，高浓度充填料浆管道输送过渡流速大于 3 m/s[163-164]。

由于高浓度充填料浆具有较高的屈服应力，为降低管道输送阻力，大部分矿山都将满管输送的流速控制为 1~2 m/s[8,165]。因此，正常充填时高浓度充填料浆处于层流状态，此时料浆中的固体颗粒无法对管壁进行瞬时的高速撞击，而主要是与管壁进行接触摩擦，即对管壁造成磨蚀磨损。

2.2 正常充填阶段管道的磨蚀磨损

2.2.1 高浓度全尾砂料浆的上限承载粒径

浆体中固体颗粒在管道输送过程中的运动状态有悬移、跳跃、推移和固定四种，直接决定了管道的机械磨损形式。固体颗粒悬移时基本不与管壁发生接触，固体颗粒跳跃时与管壁接触较少，固体颗粒推移时（滑动床）长时间与管底接触，三种状态对应的管道磨损逐渐增大。颗粒在管底沉积不动（固定床）时与管壁无相对运动，对管道底部没有磨损，但增加了堵管的风险。

高浓度全尾砂料浆中固体颗粒在管道输送过程中的运动状态既跟料浆的流态有关，也跟料浆中固体颗粒的粒径和密度等因素有关。细颗粒（一般指-20 μm[70]，也有说-40 μm[166]）间的“自絮凝”作用导致屈服应力的产生，从而使高浓度全尾砂料浆能够承载粗颗粒。如果高浓度全尾砂料浆的承载能力不足，那粗颗粒就会在重力作用下发生沉降，在管底推移或者静止，进而加剧管道底部的磨损或者增加管道堵塞的风险。想要分析高浓度全尾砂料浆对粗骨料的承载能力，就需要对粗骨料的受力进行分析。粗骨料随高浓度全尾砂料浆在管道中进行稳态输送时，除了受到重力 G 外，受到的力还包括：

（1）压强梯度力。料浆在管道中流动时需要克服管壁的摩擦阻力，因此沿管道轴向存在压强梯度。粗骨料在有压强梯度的流场中运动时，会受到一个由于压强梯度引起的作用力，力的方向与压强梯度的方向相反。在垂直方向上料浆因自身重力会在其内部产生压强梯度，且越靠近管道底部压强越大。因此，粗骨料在垂直方向上受到向上的压强梯度力，该力实际就是常说的浮力 F_1：

$$F_1 = \rho_m g \frac{\pi d^3}{6} \tag{2-3}$$

式中，ρ_m 为料浆的密度，kg/m^3；g 为重力加速度，m/s^2；d 为粗骨料直径，m。

（2）剪切阻力。粗骨料在重力作用下，在高浓度全尾砂料浆中有沉降趋势。而高浓度全尾砂料浆具有屈服应力，其黏附在粗骨料表面时会产生剪切阻力 F_2[49]：

$$F_2 = \frac{1}{4}\pi^2 d^2 \tau_0 \tag{2-4}$$

（3）Magnus 升力。高浓度全尾砂料浆在管道中流动时可分为柱塞流动区和剪切流动区。粗骨料处于剪切流动区时会因速度梯度而产生旋转，此时粗骨料会受到由低速区指向高速区的升力，称为 Magnus 升力。因此，在管道底部的剪切流动区，Magnus 升力向上；在管道顶部的剪切流动区，Magnus 升力向下。

（4）Saffman 升力。处于剪切流区中的粗骨料，其上下两侧的高浓度全尾砂料浆存在速度梯度，粗骨料运动方向与速度梯度方向垂直时，粗骨料会受到由低速区指向高速区的升力，称为 Saffman 升力。因此，在管道底部的剪切流动区，Saffman 升力向上；在管道顶部的剪切流动区，Saffman 升力向下。

分析粗骨料沉降趋势时，只需考虑竖直方向的力。Magnus 升力和 Saffman 升力与粗骨料的直径和在剪切流动区内的具体位置有关[167]，计算较为复杂，且与重力相比其值较小，因此可借鉴跳桌实验的相关分析[49]，引入粗骨料的竖直向下的惯性力（$F_{惯} = mg = G$）来代替 Magnus 升力和 Saffman 升力进行保守分析。粗骨料在高浓度全尾砂料浆中的受力可简化为图 2-2。

粗骨料所受到的合力为：

$$F_{合} = G + F_{惯} - F_1 - F_2 \tag{2-5}$$

粗骨料不沉降的条件为：

$$F_2 \geqslant 2G - F_1 = \frac{\pi}{6}(2\rho_s - \rho_m) g d^3 \tag{2-6}$$

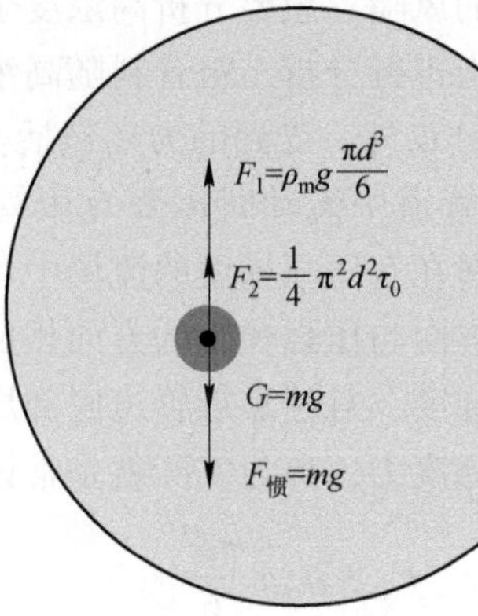

图 2-2　粗骨料在高浓度全尾砂料浆中的简化受力模型

因此，管道输送条件下高浓度全尾砂料浆能承载的粗骨料的上限粒径为：

$$d \leqslant \frac{3\pi\tau_0 C}{2(2\rho_s - \rho_m)g} \tag{2-7}$$

式中，ρ_s 为粗骨料的密度，kg/m^3；C 为剪切阻力系数，对于理想光滑的球形颗粒，其值为 1.0，对于非球形颗粒，取 1.2~2.0。

2.2.2　正常充填阶段固体颗粒与管壁的接触应力

Rabinowicz 将硬质颗粒简化成圆锥体，将磨蚀磨损过程视为滑动犁沟过程（见图 1-3），提出了材料的单位体积损失 W_a 的简化模型和数学表达式[168]：

$$W_a = K\frac{F_N L}{H} \tag{2-8}$$

式中，K 为磨损系数；F_N 为磨粒所受载荷；L 为滑动距离；H 为靶材的硬度。可见，同等条件下，磨蚀程度与施加的压力 F_N(N) 和滑动距离成正比，与材料的硬度成反比。

由于式（2-8）中的计算参数不好确定，因此本书采用高浓度全尾砂料浆中固体颗粒与管壁的接触应力的大小来评价管道磨损的程度，显然接触应力越大磨损也越严重。此外，固体颗粒与管壁的接触应力直接决定了管道的机械磨损机制。当接触应力小于管道的屈服强度时，机械磨损的主要机制是弹性挤压造成的疲劳磨损。当接触应力大于管道的屈服强度时，机械磨损的主要机制是塑性变形造成的犁沟或切削沟槽。产生犁沟时，管道材料被颗粒挤压而向两侧隆起，但不会直接造成管道材料的去除，而是隆起部分在多次变形后才脱落。切削作用可以直接造成管道材料的去除。

颗粒对壁面的法向压力 F_N 是计算接触应力的必要参数，但是高浓度全尾砂料浆中的固体颗粒理论上处于均匀悬浮状态，颗粒对水平直管的法向压力 F_N 难以理论计算。因此，本书采用一种简化方法对正常充填时平直管道的磨蚀磨损进行分析：对于完全悬浮状态的粗颗粒，其在料浆中所受重力、浮力、剪切阻力等力可视为平衡。由于粗骨料在弯管中运动时还受离心力的作用（见图 2-3），其将贴于弯管外侧管壁进行滑动，因此该工况可以作为一种极限状态来计算正常充填时粗骨料与弯管的接触应力，粗骨料粒径和速度等参数相同时其与平直管道的接触应力必然比该极限值小。

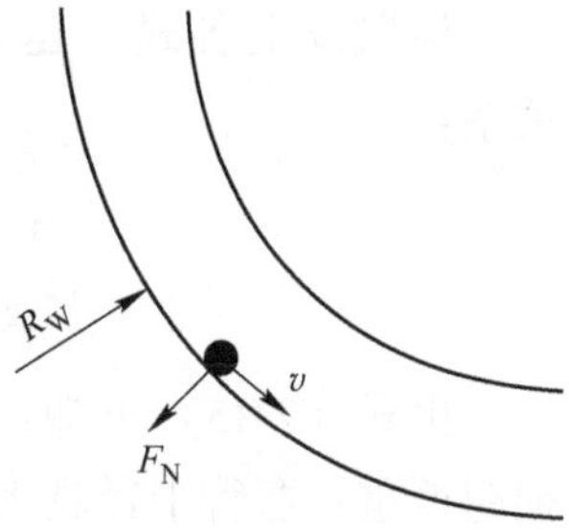

图 2-3　粗骨料在弯管中受力示意图

粗骨料在弯管中受到的离心力也即粗骨料施加给弯管壁面的法向力：

$$F_N = \frac{mv^2}{R_W} \tag{2-9}$$

式中，F_N 为粗骨料施加给弯管外侧管壁的法向作用力，N；m 为粗骨料的质量，kg；v 为粗骨料贴于弯管外侧管壁的滑动速度，m/s；R_W 为弯管外侧的曲率半径，m。

设粗骨料密度为 ρ_s(kg/m^3)，将粗骨料简化为半径为 r_s(m) 的球体，则式 (2-9) 可变换为：

$$F_N = \rho_s \frac{4\pi r_s^3}{3} \frac{v^2}{R_W} \tag{2-10}$$

与尾砂和粗骨料等固体颗粒半径相比，管壁可视为无限大的平面。因此固体颗粒与管壁的接触可以简化为球体与平面的接触，但是实际的接触半径并非固体颗粒的半径，而应采用赫兹接触半径 a，其计算方法如下：

$$a = \sqrt[3]{\frac{3F_N r}{4E}} \tag{2-11}$$

$$\frac{1}{r} = \frac{1}{R} + \frac{1}{r_s} \tag{2-12}$$

$$\frac{1}{E} = \frac{1-\nu_1^2}{E_1} + \frac{1-\nu_2^2}{E_2} \tag{2-13}$$

式中，r 为等效曲率半径，m；E 为复合弹性模量，Pa；R 为管道的半径，m；与粗骨料半径 r_s 相比，管壁可视为无限大的平面$\left(\frac{1}{R}=0\right)$，即等效曲率半径 r 等于粗骨料半径 r_s；E_1、E_2 分别为管壁和粗骨料的弹性模量，Pa；ν_1、ν_2 分别为管壁和粗骨料的泊松比。

根据赫兹接触结论，粗骨料与管壁的法向接触应力 σ_n 为：

$$\sigma_n = \frac{3F_N}{2\pi a^2} \tag{2-14}$$

根据以上各式，建立接触应力与粗骨料半径、速度和弯管半径等变量的关系：

$$\sigma_n = \frac{2}{\sqrt[3]{\pi^2}}\left(\frac{r_s}{R_W}\rho_s\right)^{\frac{1}{3}}\left(v\frac{E_1E_2}{(1-\nu_1^2)E_2+(1-\nu_2^2)E_1}\right)^{\frac{2}{3}} \tag{2-15}$$

由式（2-15）可知：粗骨料半径、密度和速度越大，接触应力越大，管道磨损越严重；弯管半径越大，接触应力越小，越有利于降低管道磨损。

16Mn 钢因其良好的力学性能和较低的价格，目前在矿山充填领域应用还较为广泛，其屈服强度为 345 MPa，泊松比为 0.3，弹性模量为 210 GPa[169]。充填使用的粗骨料种类较多，如水淬渣、矿山废石和戈壁料等，矿山在选用时并不会考虑其泊松比、弹性模量和密度，而会考虑优化骨料粒径、弯管半径和输送流速等参数，因此计算时可将粗骨料的泊松比和弹性模量进行固定。综合闪长岩、石英岩和花岗岩等 11 种岩石的力学参数，粗骨料弹性模量取 63.6 GPa，泊松比取 0.21。混凝土行业中粗骨料一般指粒径大于 5 mm 的骨料，但在矿山充填领域很难严格实现这一标准。因此，本书中将粒径大于尾砂最大粒径的骨料统称为粗骨料，将尾砂定义为细骨料。计算接触应力时，粗骨料最大粒径取 20 mm[165]，粗骨料密度取实测值 3050 kg/m^3。弯管最小半径取现场值 0.5 m，粗骨料最大速度取 3 m/s。根据式（2-15），粗骨料滑动速度、粗骨料半径和弯管曲率半径对法向接触应力的影响如图 2-4~图 2-6 所示，改变其中一个变量时另外两个变量均取极端不利值。

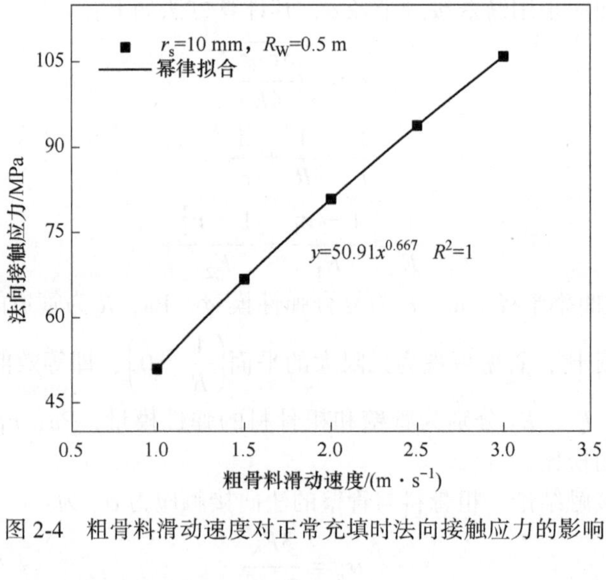

图 2-4　粗骨料滑动速度对正常充填时法向接触应力的影响

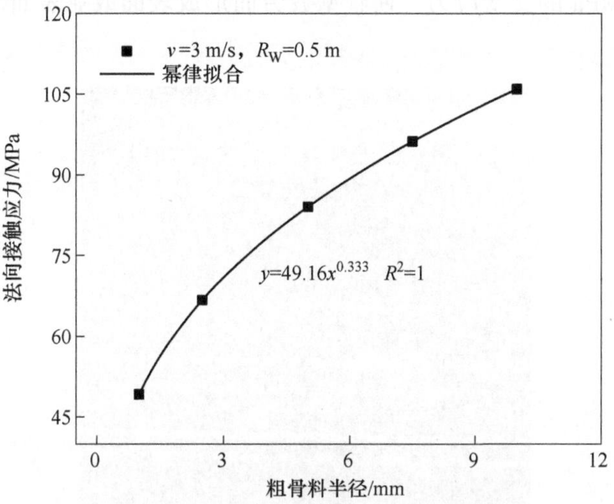

图 2-5　粗骨料半径对正常充填时法向接触应力的影响

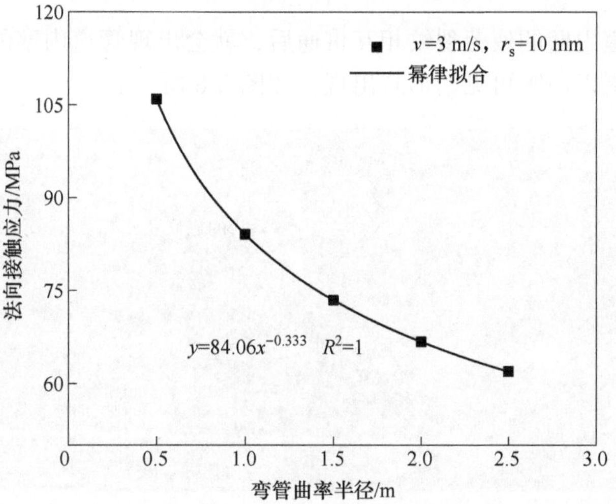

图 2-6　弯管曲率半径对正常充填时法向接触应力的影响

由图 2-4~图 2-6 可知，弯管中法向接触应力随粗骨料半径和滑动速度的增大而增大，随弯管半径的增大而减小，均符合幂律函数。粗骨料滑动速度 3 m/s、粗骨料半径 10 mm、弯管半径 0.5 m 的极限恶劣工况条件下，弯管的接触应力为 105.9 MPa，远小于管道的屈服强度 345 MPa。

在本书研究工况范围内，平直管道中粗骨料与管壁的接触应力不会高于弯管中极端不利工况时的接触应力 105.9 MPa。因此，正常充填时高浓度充填料浆对平直管道的主要磨损机制是疲劳磨损。高浓度充填料浆中的固体颗粒不断对管壁施加0~105.9 MPa的交变应力，使管壁疲劳而形成表面或亚表面裂纹[170]，如图2-7所示。

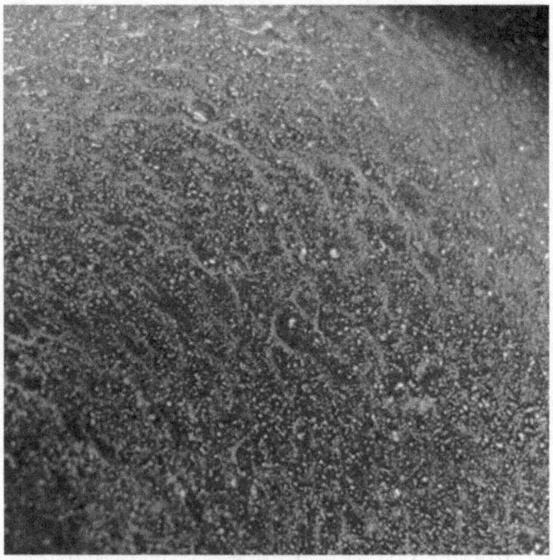

图2-7　充填管道内壁的疲劳裂纹

当充填管道内壁的疲劳裂纹相互贯通后，就会出现管道内壁的薄层剥离，至此管道疲劳磨损以肉眼可见的形式出现，如图2-8所示。

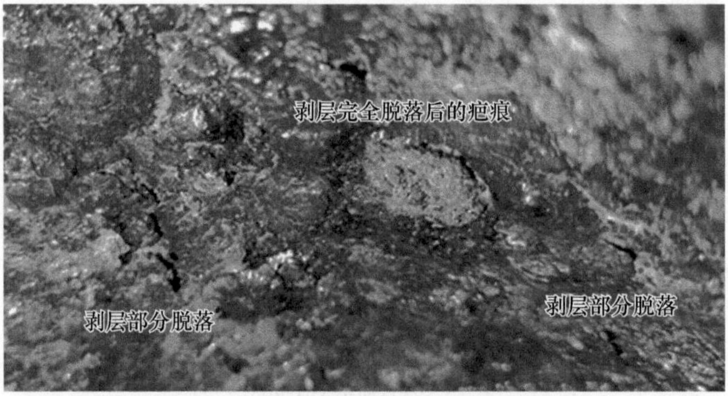

图2-8　充填管道内壁的疲劳剥层脱落

引入灰关联分析法研究粗骨料半径、粗骨料滑动速度和弯管半径对正常充填时弯管法向接触应力影响的主次排序。

(1) 灰关联分析步骤[171]。

1) 根据实验数据建立母数列（接触应力）$X_0(t)$ 和子数列（各影响因素）$X_i(t)$：

$$X_0(t)=\{X_0(1),\ X_0(2),\ \cdots,\ X_0(m)\},\ X_i(t)=\{X_i(1),\ X_i(2),\ \cdots,\ X_i(m)\} \tag{2-16}$$

式中，t 为实验组数；i 为影响因素个数。

2）对母数列和子数列进行标准化处理：

$$X_0(t)=\frac{X_0(t)-\min X_0(t)}{\max X_0(t)-\min X_0(t)} \tag{2-17}$$

3）求标准化母数列 $X_0(t)$ 和子数列 $X_i(t)$ 在序列 $t=k$ 时的关联度 $\xi_{0i}(k)$：

$$\xi_{0i}(k)=\frac{\Delta_{\min}+\rho\Delta_{\max}}{\Delta_{0i}(k)+\rho\Delta_{\max}} \tag{2-18}$$

式中，$\Delta_{0i}(k)=|X_0(k)-X_i(k)|$ 为序列 $t=k$ 时母序列与子序列的绝对差；ρ 为用来提高关联系数之间差异显著性的分辨系数，一般取 0.5。$\Delta_{\max}$、$\Delta_{\min}$ 分别为所有绝对差中的最大值和最小值，即 $\Delta_{\max}=\max\limits_{i}\max\limits_{k}\Delta_{0i}(k)$，$\Delta_{\min}=\min\limits_{i}\min\limits_{k}\Delta_{0i}(k)$。

4）计算子序列与母序列的关联度 R_{0i}：

$$R_{0i}=\frac{1}{m}\sum_{k=1}^{m}\xi_{0i}(k) \tag{2-19}$$

R_{0i} 越大表明关联度越大，即该因素对接触应力的影响越大。

（2）灰关联分析结果。按上述步骤处理，计算得到粗骨料半径、粗骨料滑动速度和弯管半径对正常充填时弯管法向接触应力的关联度，如表 2-1 所示。

表 2-1 正常充填磨蚀时弯管法向接触应力关联度计算结果

序号	粗骨料半径	粗骨料滑动速度	弯管半径
1	1	0.3333	1
2	0.7779	0.42	0.6177
3	0.7457	0.565	0.4484
4	0.8235	0.7455	0.3761
5	1	1	0.3333
6	0.3404	0.9417	0.9417
7	0.42	0.8938	0.6177
8	0.5308	0.8961	0.4726
9	0.7007	0.9321	0.3887
10	0.565	0.565	0.578
11	0.4663	0.4663	0.8737
12	0.42	0.42	0.5316
13	0.3922	0.3922	0.3922
平均灰关联度	0.6294	0.6593	0.5825

由表 2-1 可知，粗骨料半径、粗骨料滑动速度和弯管半径的平均灰关联度分

别为0.6294、0.6593和0.5825，表明粗骨料滑动速度对弯管接触应力的影响最大，其次分别是粗骨料半径和弯管半径。因此，降低输送流速可有效降低弯管的磨蚀磨损。当输送速度一定时，增大弯管半径、降低粗骨料半径是降低正常充填时管道磨蚀磨损的有效措施。

2.3 洗管阶段管道的冲蚀磨损

2.3.1 充填–洗管过程分析

采用胶结充填的矿山，每天充填结束后都会立即对管道进行清洗，目的是彻底清除管内残留料浆，防止胶凝材料凝固堵塞管道，确保下一次正常充填时管路的通畅。现对充填–洗管过程进行分析，如图2-9所示。

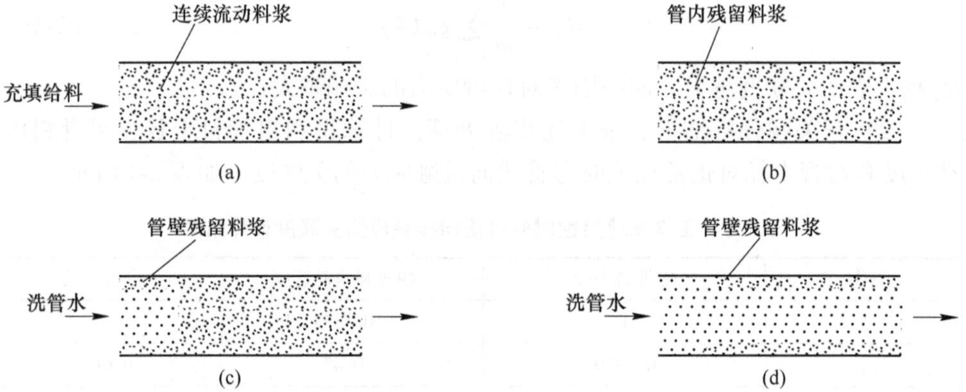

图2-9 矿山充填–洗管过程示意图

（a）正常充填；（b）停止给料；（c）洗管初期；（d）正常洗管

（1）正常充填时高浓度料浆在管道内连续流动（见图2-9（a）），当充填方量达到设定值后停止给料，此时管道内残余的料浆停止流动（见图2-9（b））。

（2）为了排出管道内残余的料浆，须在充填管道进口注入洗管水（见图2-9（c）），利用洗管水的压头克服管壁对料浆的摩擦阻力，此时与洗管水接触的料浆被稀释。

（3）除了被洗管水顶出的料浆，管壁上还黏附有部分料浆，因此还需要继续往管道内注入洗管水（见图2-9（d））。

为对管道内残留的料浆进行彻底冲洗，洗管流速一般要大于正常充填时的流速，目的是使低浓度料浆处于紊流状态，以尽量保证颗粒的悬浮避免其沉积在管道底部。在紊流输送状态下，固体颗粒会以较高的速度冲击管壁，即对管道内壁造成冲蚀磨损。现场观测发现，洗管时可以明显地听见固体颗粒与管壁剧烈碰撞的声音，表明洗管过程对管道的冲蚀磨损较为严重。更贴近实际的情况是，洗管水首先进入搅拌槽对其内残余料浆进行长时间清洗，低浓度料浆不断流向充填管内，导致管道受洗管冲蚀时间较长，因而洗管过程对管道的冲蚀磨损不宜忽略。

2.3.2 洗管阶段固体颗粒与管壁的接触应力

为与正常充填时的磨蚀磨损相比较，同样以颗粒与管壁的接触应力评价洗管时管道的冲蚀磨损程度。料浆中固体颗粒在洗管水的裹挟下，沿管道轴向运动的同时还以一定角度和速度碰撞管壁，假设碰撞管壁前后的入射角与反射角相等，如图 2-10 所示。

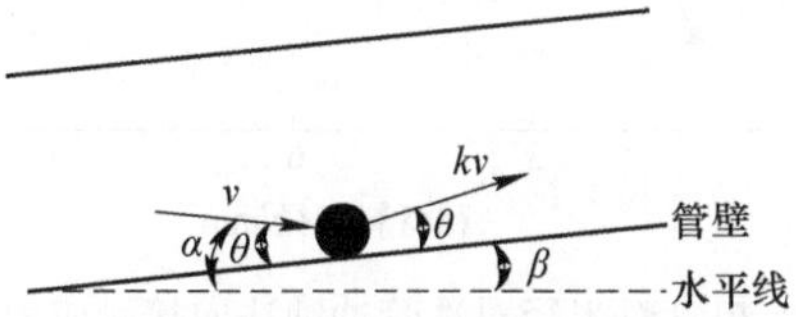

图 2-10 洗管时粗骨料与水平管道内壁碰撞示意图

颗粒与管壁碰撞过程中动能会有所损失，但碰撞前后的动量仍然守恒。在垂直管壁的方向列动量守恒方程，则粗骨料对管壁碰撞的法向作用力 F_N 为：

$$F_N \cdot \Delta t = m \cdot v\sin\theta - m \cdot kv\sin\theta \tag{2-20}$$

式中，Δt 为粗骨料与管壁的碰撞时间；k 为速度恢复系数；θ 为粗骨料碰撞方向与管壁的夹角。速度均取绝对值，因此式中用减号。

结合式（2-11）~式（2-14）和式（2-20），可建立洗管时粗骨料-管壁法向接触应力与粗骨料半径、碰撞速度和碰撞角度等变量的关系：

$$\sigma_n = \frac{2}{\sqrt[3]{\pi^2}}(r_s\rho_s)^{\frac{1}{3}}\left(\frac{v(1-k)\sin\theta}{\Delta t}\right)^{\frac{1}{3}}\left(\frac{E_1E_2}{(1-\nu_1^2)E_2+(1-\nu_2^2)E_1}\right)^{\frac{2}{3}} \tag{2-21}$$

由式（2-21）可知，粗骨料半径、密度、速度和碰撞角度越大，洗管时粗骨料与管壁法向接触应力越大，管道磨损越严重。

计算接触应力时，粗骨料与管壁的最大碰撞速度取 3 m/s，碰撞角度取 1°~15°。参考相关研究[172]，粗骨料与管壁碰撞后的速度恢复系数取 0.45，碰撞时间取 0.0005 s。粗骨料和管壁的其他相关参数与 2.2.2 节相同。根据式（2-21）进行计算，粗骨料半径、粗骨料碰撞速度和碰撞角度对洗管冲蚀时法向接触应力的影响如图 2-11~图 2-13 所示，改变其中一个变量时另外两个变量均取极限不利值。

由图 2-11~图 2-13 可知，洗管冲蚀时法向接触应力随粗骨料半径、碰撞速度和碰撞角度的增大而增大，均符合幂律函数。接触应力既有大于管道屈服强度 345 MPa 的情况也有小于屈服强度的情况，可见洗管冲蚀机制既有切削磨损也有

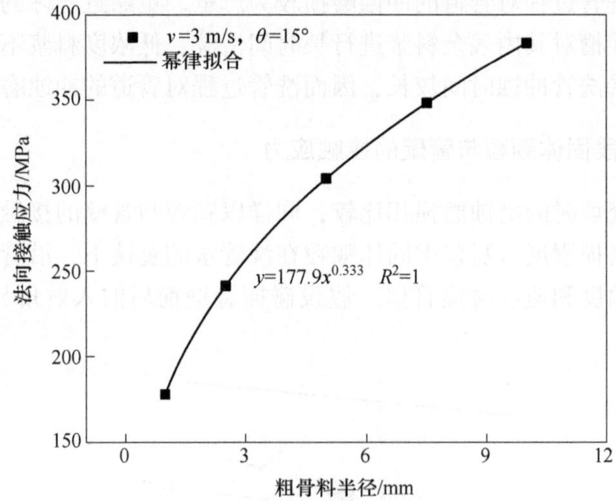

图 2-11　粗骨料半径对洗管冲蚀法向接触应力的影响

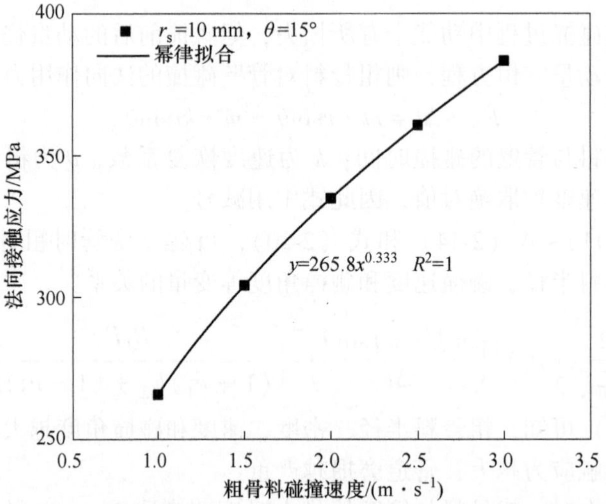

图 2-12　粗骨料碰撞速度对洗管冲蚀法向接触应力的影响

疲劳磨损。当固体颗粒直接将管壁材料从本体上去除一部分后，此时洗管冲蚀的磨损机制表现为切削作用。当固体颗粒未直接将管壁材料去除而是在管壁上留下一条犁沟时，塑性变形的管壁材料只是在犁沟两侧堆积，这些堆积的管壁材料可能被后续的固体颗粒直接去除；也可能在后续固体颗粒的作用下继续发生塑性变形，以疲劳磨损的形式而剥离。

由图 2-11~图 2-13 可知，洗管冲蚀时粗骨料与管壁的接触应力范围为 177.9~

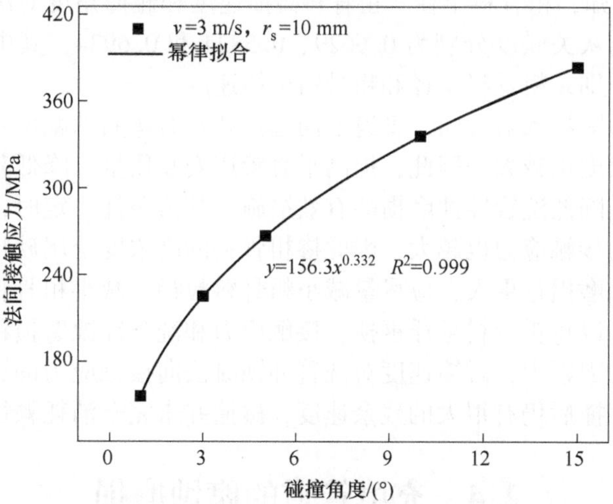

图 2-13　碰撞角度对洗管冲蚀法向接触应力的影响

383.4 MPa，显著大于正常充填磨蚀时的接触应力，表明相同接触时间和相同粗骨料参数条件下，洗管对管道造成的冲蚀磨损要远比正常充填时的磨蚀磨损严重。

仍采用灰关联分析法，计算得到粗骨料半径、粗骨料碰撞速度和碰撞角度对洗管冲蚀时法向接触应力的关联度，如表 2-2 所示。

表 2-2　洗管冲蚀时法向接触应力关联度计算结果

序号	粗骨料半径	粗骨料碰撞速度	粗骨料碰撞角度
1	0.8384	0.3562	0.3562
2	0.7049	0.4448	0.4448
3	0.7066	0.5897	0.5897
4	0.8018	0.7643	0.7643
5	1	1	1
6	0.4916	0.5087	0.4916
7	0.5897	0.5543	0.5897
8	0.7011	0.6355	0.7011
9	0.8341	0.7686	0.8341
10	0.3333	0.3333	1
11	0.4179	0.4179	0.7569
12	0.4935	0.4935	0.7131
13	0.7042	0.7042	0.7727
平均灰关联度	0.6629	0.5824	0.6934

由表 2-2 可知，粗骨料半径、粗骨料碰撞速度和碰撞角度对洗管冲蚀时法向接触应力的平均灰关联度分别为 0. 6629、0. 5824 和 0. 6934，其中碰撞角度的影响最大，其次分别是粗骨料半径和粗骨料碰撞速度。

对于固定的颗粒入射方向，管道上向起伏和左右弯曲的幅度越大，入射方向与管壁的碰撞角度也越大。因此，提高平直管道安装质量以降低其上向起伏和左右弯曲的幅度是降低洗管冲蚀磨损的有效措施。其他条件一定时，固体颗粒的质量越大与管壁的接触应力也越大，因此掺粗骨料的高浓度全尾砂料浆比不添加粗骨料时洗管冲蚀磨损量更大，应尽量减小粗骨料粒径。减小粗骨料粒径后，更低的洗管流速就可以将粗骨料悬浮裹挟，接触应力和洗管冲蚀磨损程度也会相应降低。在上述 3 个因素中，碰撞速度对洗管冲蚀时法向接触应力的影响最小，是因为颗粒与管壁碰撞后仍有很大的残余速度，碰撞并未完全消耗颗粒的动能。

2.4　充填管道的腐蚀磨损

2.4.1　管道腐蚀类型

输送浆体的钢管主要腐蚀类型为电化学腐蚀，其发生原因主要是浆体中存在溶解氧，pH 值等因素也对钢管的腐蚀有一定影响[118]。钢管的电化学腐蚀类型分为析氢腐蚀和吸氧腐蚀两种[173]，当料浆呈较强酸性时，钢管主要发生析氢腐蚀。

（1）负极（阳极）反应：

$$Fe - 2e = Fe^{2+} \tag{2-22}$$

（2）正极（阴极）反应：

$$2H^+ + 2e = H_2\uparrow \tag{2-23}$$

（3）总反应：

$$Fe + 2H^+ = Fe^{2+} + H_2\uparrow \tag{2-24}$$

当料浆呈碱性时（加水泥后充填料浆通常呈碱性），钢管主要发生吸氧腐蚀，其反应过程如下。

（1）负极（阳极）反应：

$$Fe - 2e = Fe^{2+} \tag{2-25}$$

（2）正极（阴极）反应：

$$2H_2O + O_2 + 4e = 4(OH)^- \tag{2-26}$$

$$2Fe^{2+} + 4(OH)^- = 2Fe(OH)_2\downarrow \tag{2-27}$$

$Fe(OH)_2$ 沉积在钢材表面时有一定的保护作用。

（3）总反应：

$$2Fe + O_2 + 2H_2O = 2Fe(OH)_2\downarrow \tag{2-28}$$

$$4Fe(OH)_2 + O_2 + 2H_2O = 4Fe(OH)_3 \tag{2-29}$$

$Fe(OH)_3$ 部分脱水而成为铁锈，铁锈质地疏松对管道表面无保护作用。

2.4.2 充填管道的腐蚀规律

选用矿山常用的 16Mn 钢作为磨损试样，其化学成分如表 2-3 所示。

表 2-3 16Mn 钢的化学成分 (%)

成分	C	Si	Mn	P	S	Cr	Ni	Ti	Cu	V	Fe
含量（质量分数）	0.16	0.17	1.23	0.013	0.003	0.01	0.01	0.002	0.01	0.003	98.549

采用自来水（对照组）、深锥浓密机底流滤液（模拟非胶结充填、润管水和洗管水对管道内壁的腐蚀）和加水泥的底流滤液（模拟胶结充填对管道内壁的腐蚀）分别对 16Mn 钢进行浸泡腐蚀。考虑到满管流时高浓度充填料浆在管道中处于层流状态，而洗管结束后管道内壁处于静态腐蚀，因此腐蚀实验在静态条件下进行。使用精度 0.1 mg 的天平来测量试样的质量，精度 0.01 mm 的游标卡尺来测量试样的实际腐蚀面积。

浸泡腐蚀实验设计如表 2-4 所示，按浓度 78%（干尾砂、水泥总重与料浆总重之比）配置料浆并提取滤液，砂灰比为干尾砂与水泥的质量比。

表 2-4 浸泡腐蚀实验设计

水类别	砂灰比	作用	试样	pH 值	电导率/($mS\cdot cm^{-1}$)
自来水	无水泥	对照	Fe Fe+Zn	7.18	0.9
底流滤液	无水泥	非胶结充填/洗润管腐蚀	Fe Fe+Zn	7.51	17.2
	4	胶结充填腐蚀	Fe Fe+Zn	12.56	25.4
	6		Fe Fe+Zn	12.54	24.6
	8		Fe Fe+Zn	12.49	24.1
	10		Fe Fe+Zn	12.46	23.4
	12		Fe Fe+Zn	12.43	22.7

表 2-4 中 Fe 代表去除表面铁锈并抛光清洗后的 16Mn 钢试样，Fe+Zn 代表用细棉线绑扎紧密连接的 16Mn 钢试样和纯锌试样。电位越正的金属越稳定，其耐腐蚀性也越好。铁的标准电极电位为−0.44 V，而锌的标准电极电位为−0.76 V，因此纯锌试样与 16Mn 钢试样连接后形成牺牲阳极（锌）的阴极（16Mn 钢）保护系统，锌被腐蚀而 16Mn 钢试样的腐蚀被抑制。

由表 2-4 可知，底流滤液与自来水呈弱碱性，在底流滤液中加入水泥后滤出的液体呈强碱性。随砂灰比增加（水泥掺量降低），含水泥底流滤液的 pH 值和电导率呈线性降低，拟合优度 R^2 大于 0.98。水泥与水混合后立即发生可溶性盐溶解和硅酸盐水化，在水中产生大量 Na^+、K^+、OH^-、SO_4^{2-} 和 Ca^{2+} 等自由导电离子[174]。底流滤液中水泥含量越高，离子浓度越高，因此含水泥底流滤液的 pH 值和电导率也越高。一般认为充填料浆属于弱碱性，本研究发现加入水泥后料浆滤液 pH 值在 12 以上，具有很强的碱性。这种差异可能是选矿工艺不同造成的，一些矿山的尾砂浆呈酸性，加入水泥后酸碱中和，充填料浆总体呈弱碱性。

由于底流滤液中已充分溶解各种选矿药剂和尾砂可能携带的化学物质，因此仅在其中添加水泥而未添加尾砂以方便滤液的提取，过程如图 2-14 所示。

图 2-14　浸泡腐蚀实验过程

浸泡一段时间后，16Mn 钢试样和腐蚀液外观变化如图 2-15 所示。

图 2-15　浸泡后 16Mn 钢试样和腐蚀液外观变化

由图 2-15 可见，单独的钢片在底流滤液中浸泡后，表面产生红褐色铁锈（Fe_2O_3），底流滤液变黄，流水洗去表面铁锈后试样表面呈炭黑色（Fe_3O_4），与放入之前的光亮颜色形成鲜明对比。与锌片紧密相连的钢片在底流滤液中浸泡后，底流滤液外观无明显变化。单独的钢片在自来水中浸泡后，表面产生铁锈，自来水变黄，流水洗去铁锈后金属表面呈暗灰色，没有出现炭黑层。与锌片紧密相连的钢片在自来水中浸泡后，自来水外观无明显变化。单独的钢片在砂灰比 4 的胶结充填料浆滤液中浸泡后，表面无铁锈和炭黑层产生，浸泡液外观无明显变化。与锌片紧密相连的钢片在砂灰比 4 的胶结充填料浆滤液中浸泡后，浸泡液外观无明显变化。其他砂灰比时现象与砂灰比 4 时类似。总结而言，单独的钢片在底流滤液和自来水中浸泡后出现明显的肉眼可见的腐蚀现象，在锌片的保护下钢片在底流滤液和自来水中浸泡后无明显的腐蚀现象。单独的钢片、有锌片保护的钢片在胶结充填料浆滤液中浸泡后均无明显的腐蚀现象。

将 16Mn 钢试样在由有机酸、表面活性剂和缓蚀剂配置而成的除锈剂中涮洗 60 s，去除试样表面的腐蚀产物。以单位面积的试样在单位时间的质量损失率来表征腐蚀速率：

$$W_c = \frac{\Delta m}{St} \tag{2-30}$$

式中，W_c 为腐蚀速率，mg/(m^2 · d)；Δm 为试样的腐蚀损失质量，mg；S 为试样的腐蚀面积，m^2；t 为试样的腐蚀时间，d。

无阴极保护条件下的浸泡腐蚀结果如图 2-16 所示。随着浸泡时间的变化，腐蚀速率有所波动。若定义波动幅度为单个样本值与样本总体平均值的偏差，则底流滤液中浸泡腐蚀速率的平均波动幅度为 0.6%；自来水中浸泡腐蚀速率的平

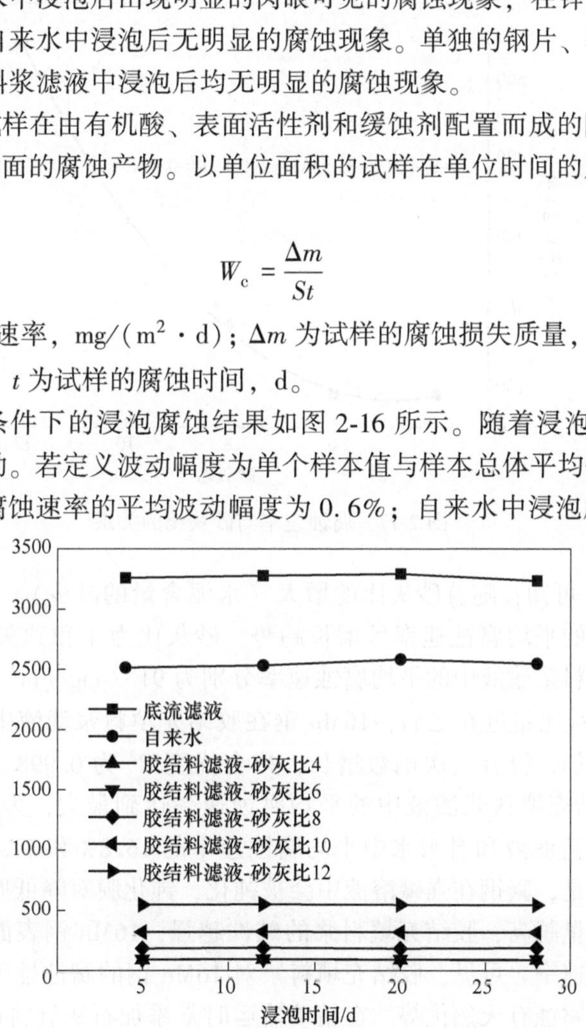

图 2-16 腐蚀速率与浸泡时间的关系

均波动幅度为 0.8%；砂灰比为 4~12 时浸泡腐蚀速率的平均波动幅度为 0.3%~2.4%。16Mn 钢在 3 种液体中浸泡 4~28 d 时腐蚀速率平均波动幅度为 1.1%，浸泡时间对腐蚀速率的影响可忽略，可使用平均腐蚀速率进行分析。

16Mn 钢的腐蚀速率与浸泡液的种类有显著关系。由图 2-16 可知，16Mn 钢在底流滤液中的平均腐蚀速率为 3265.1 mg/(m^2·d)，在自来水中的平均腐蚀速率为 2543.2 mg/(m^2·d)，都显著高于在胶结充填料浆滤液中的腐蚀速率。可见，非胶结充填、用深锥浓密机溢流水（与底流滤液性质完全相同）冲洗 16Mn 钢充填管道将造成严重的腐蚀磨损，自来水冲洗 16Mn 钢充填管道也有很强的腐蚀性。

16Mn 钢在砂灰比 4~12 胶结充填料浆滤液中的平均腐蚀速率如图 2-17 所示。

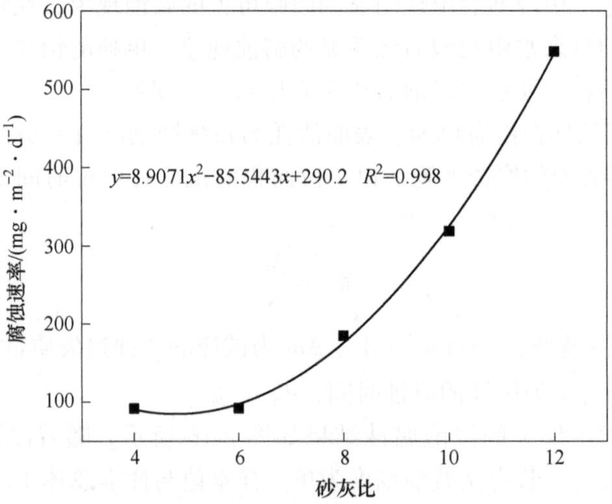

图 2-17 腐蚀速率与砂灰比的关系

由图 2-17 可知，随着砂灰比的增大（水泥含量的减少），16Mn 钢在胶结充填料浆滤液中的平均腐蚀速率呈增长趋势。砂灰比为 4 和砂灰比为 6 时，16Mn 钢在胶结充填料浆滤液中的平均腐蚀速率分别为 91.7 mg/(m^2·d) 和 92.2 mg/(m^2·d)，砂灰比超过 6 之后，16Mn 钢在胶结充填料浆滤液中的平均腐蚀速率即开始快速增加，符合二次函数增长，拟合优度 R^2 为 0.998。砂灰比为 12 时，16Mn 钢在胶结充填料浆滤液中的平均腐蚀速率达到最大，为 548.2 mg/(m^2·d)，分别为底流滤液和自来水中平均腐蚀速率的 16.8% 和 21.6%。产生上述现象的主要原因是，碳钢在强碱溶液中会被钝化，钝化膜对降低腐蚀有一定的积极作用。水泥掺量越高，胶结充填料浆的碱性越强，16Mn 钢表面越容易钝化，从而降低了腐蚀速率。可见，胶结充填料浆对 16Mn 钢的腐蚀性很小，胶结充填对降低管道内壁腐蚀有天然优势。在精矿输运时常添加石灰乳将矿浆 pH 值调节到 9~11 来降低管道腐蚀，借鉴该方法，将充填润管水和洗管水调节成碱性也可有效降低管道内壁的腐蚀。

由图 2-16 和表 2-4 可知，16Mn 钢在底流滤液、自来水、胶结充填料浆滤液中的腐蚀速率与腐蚀液的 pH 值和电导率无明显关系。但是，16Mn 钢在胶结充填料浆滤液中的腐蚀速率与胶结充填料浆滤液的 pH 值和电导率有很强的相关性，如图 2-18 和图 2-19 所示。

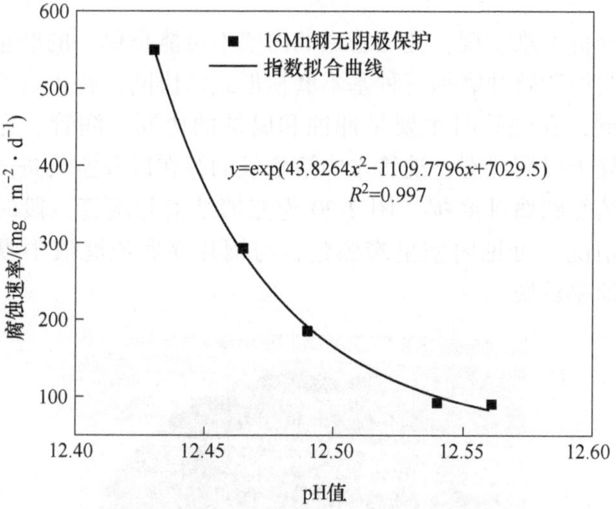

图 2-18　16Mn 钢腐蚀速率与胶结充填料浆滤液 pH 值的关系

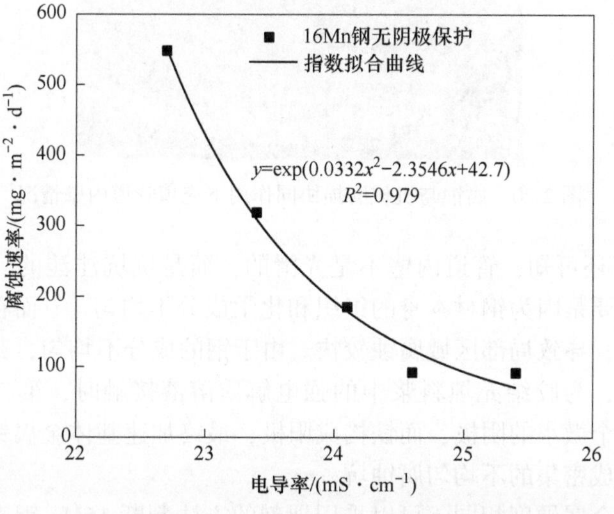

图 2-19　16Mn 钢腐蚀速率与胶结充填料浆滤液电导率的关系

由图 2-18 和图 2-19 可以看出，随着胶结充填料浆滤液 pH 值和电导率的增加，16Mn 钢的腐蚀速率呈指数函数逐渐降低，拟合优度 R^2 在 0.97 以上。电导率和 pH 值测试比浸泡腐蚀速率测试更简单，耗时更短，这意味着胶结充填料浆对 16Mn 钢管的腐蚀性可以通过电导率和 pH 值来定性判断。

2.5　充填管道的协同磨损

通过前文分析不难发现，充填管道的内壁不可能是单一的磨损形式，而是磨蚀磨损、冲蚀磨损和腐蚀磨损三种基本磨损形式的协同，在正常充填时主要是磨蚀和腐蚀的协同，在洗管时主要是冲蚀和腐蚀的协同。润管、充填、洗管结束后，管道内壁处于湿润状态，洗管水中溶解氧的存在以及空气进入充填管道，充填管道内壁继续受到腐蚀磨损。图 2-20 为充填结束并洗管一段时间后拍摄到的充填管道内壁情况，可见内壁呈炭黑色，与钢片在底流滤液中浸泡后的颜色一致，表明腐蚀速率较快。

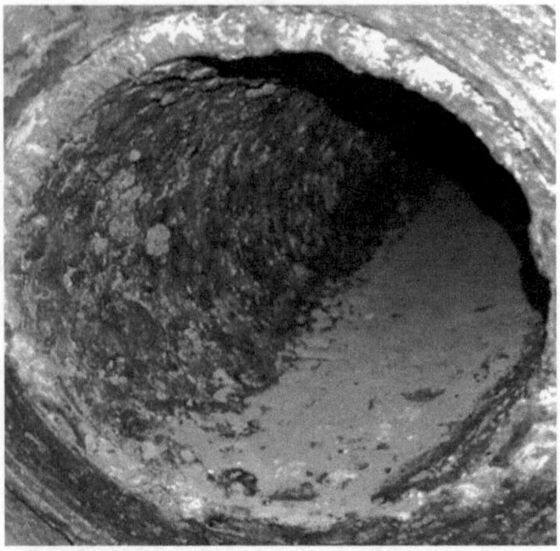

图 2-20　腐蚀与机械磨损协同作用下充填管道内壁情况

由图 2-20 还可知，管道内壁不是光滑的，而是坑坑洼洼的，说明腐蚀是不均匀的，这主要是因为钢材本身的组织和化学成分不均匀[175]而在管壁局部区域形成微观电池，导致局部区域腐蚀较快。由于钢的成分不均匀，其中存在第二相碳化物和石墨，与胶结充填料浆中的强电解质溶液接触时，第二相的电位比铁正，构成无数个微小的阴极，而铁构成阳极，最终加速基体金属铁的腐蚀，从而在管道内壁形成密集的不均匀腐蚀坑。

由于同种金属硬度相同，可以采用划刻的方法判断 16Mn 钢表面的腐蚀产物与钢材本身的硬度大小，如图 2-21 所示。采用 16Mn 钢轻轻划过腐蚀产物表面后即留下清晰的划痕，暴露出 16Mn 钢的本体，说明腐蚀产物的硬度小于 16Mn 钢本身。因此，管道内壁的腐蚀产物会在充填过程中被料浆较为容易地去除，从而加快管道的磨损速度。管道内壁的不均匀腐蚀与后续正常充填磨蚀和洗管阶段冲蚀作用协同，加剧管道内壁凹凸不平的状态，内壁粗糙度增加又反过来增大管道磨损速率。显然，充填管道内壁的不均匀腐蚀会增加管道因局部失效而导致整体失效的风险。

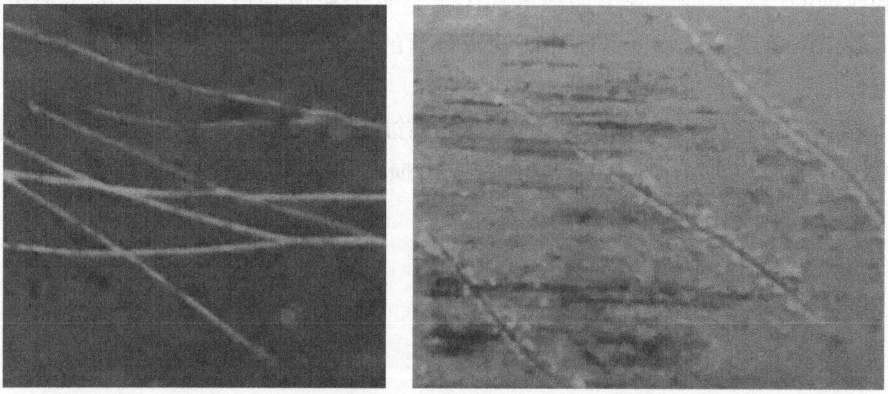

(a) (b)

图 2-21 16Mn 钢表面腐蚀产物

（a）底流滤液中；（b）胶结料浆滤液中

根据浸泡腐蚀实验结果，阴极保护条件下 16Mn 钢在底流滤液、自来水和胶结充填料浆滤液中的腐蚀速率为 0～91.9 $mg/(m^2 \cdot d)$，远小于无阴极保护条件下的腐蚀速率。据此可在后续研究中定量区分腐蚀、磨蚀、腐蚀-磨蚀协同作用在总磨损速率中的贡献率：无阴极保护条件下进行磨蚀-腐蚀协同磨损实验得到总磨损速率，有阴极保护条件下得到纯磨蚀速率，再结合浸泡腐蚀实验结果，即可计算出纯腐蚀速率、纯磨蚀速率和腐蚀-磨蚀协同磨损速率对总磨损速率的贡献率。

2.6 本章小结

本章采用理论分析、现场观测和浸泡腐蚀实验等方法对充填管道的三种基本磨损形式进行全面梳理，分析了掺粗骨料高浓度全尾砂料浆对充填管道的磨蚀、冲蚀和腐蚀磨损作用，主要得到以下结论：

（1）基于赫兹弹性理论推导了粗骨料与管壁的法向接触应力计算公式，粒径、密度和速度越大接触应力越大，管道磨损也越严重。正常充填时管道磨蚀机制为疲劳磨损，洗管阶段管道冲蚀机制为切削和疲劳磨损。粗骨料参数和接触时间相同时，洗管对管道的冲蚀磨损比正常充填时的磨蚀磨损更严重。

(2) 洗润管水、非胶结充填料浆对16Mn钢的平均腐蚀速率为3265.1 mg/(m^2·d)，自来水对16Mn钢的平均腐蚀速率为2543.2 mg/(m^2·d)。砂灰比从4增大到12时，16Mn钢在胶结充填料浆中的腐蚀速率从91.7 mg/(m^2·d) 以二次函数增长到548.2 mg/(m^2·d)，胶结充填对管道防腐有天然优势。

(3) 掺粗骨料高浓度全尾砂料浆输送管道的磨损是其内壁受料浆磨蚀、冲蚀和腐蚀的综合表现，管道局部磨损失效是整个充填管道系统失效的主要风险。充填管道内壁腐蚀产物的硬度小于管道基材的硬度，在正常充填磨蚀和洗管阶段冲蚀作用下会加速管道的磨损。

(4) 阴极保护可有效抑制16Mn钢的腐蚀磨损，据此可在后续研究中定量区分腐蚀、磨蚀、腐蚀-磨蚀协同作用在总磨损速率中的贡献率。

3 掺粗骨料高浓度料浆充填参数对管道磨损影响规律

高浓度充填料浆的固相浓度通常大于70%，且在管道中进行层流输送。可见，高浓度充填料浆和中低浓度料浆除了在浓度方面有较大差异外，在管道输送时的流态也有较大差异。因此，中低浓度料浆紊流输送条件下管道的磨损规律不一定完全适用于高浓度充填料浆输送管道，需要结合高浓度充填料浆自身特点来研究充填管道的磨损规律。

影响充填管道磨损的因素众多，如充填料浆浓度、颗粒硬度、颗粒形状、颗粒级配、料浆腐蚀性、灰砂比例、管道材质、管壁粗糙度、管道耐磨性、管道倾斜程度、管道内径、管道施工质量、技术人员素质、输送流速和系统启停频率、流速与临界流速比值和管线变化程度等[28,30,154]，总体上可分为充填料浆因素、充填管道因素和充填管理因素三个方面。本章聚焦于充填料浆因素对管道磨损的影响，选取高浓度充填料浆的浓度、流速、粗骨料含量和粗骨料粒径等因素来分析充填管道的磨损规律以及这些因素对管道磨损的相对影响强弱，以期为优化充填料浆配比、降低充填管道磨损提供指导依据。

本章首先设计并加工一套小型磨损实验装置，在其中引入简易阴极保护系统，在此基础上开展磨损实验，研究料浆浓度、流速、粗骨料粒径和粗骨料含量等因素对正常充填时管道磨损的影响规律，分析各因素对管道磨损的影响强弱排序。通过设置带阴极保护系统的对照组，结合第2章的浸泡腐蚀实验结果，对纯磨蚀速率、纯腐蚀速率和磨蚀-腐蚀协同磨损速率进行定量计算，确定三者在总磨损速率中的贡献率，以期为不同输送参数条件下充填管道的材质选型提供指导。非牛顿流变特性是高浓度充填料浆的又一重要特性，直接影响其管输沿程阻力。因此，本章同时对高浓度充填料浆的流变特性进行研究，以初步探索管道磨损与管输沿程阻力的关系。

3.1 磨损实验装置设计

根据第1章文献调研得到的各种磨损实验装置的优缺点，结合本研究的实验目的，最终采用罐式磨损实验机进行磨损实验。自制的罐式磨损实验机实物如图3-1所示，总体上由支架、电机、调速器、定时开关、转速测量器、料浆罐、升降台、定位杆、试样旋转臂和试样夹持臂等组成。

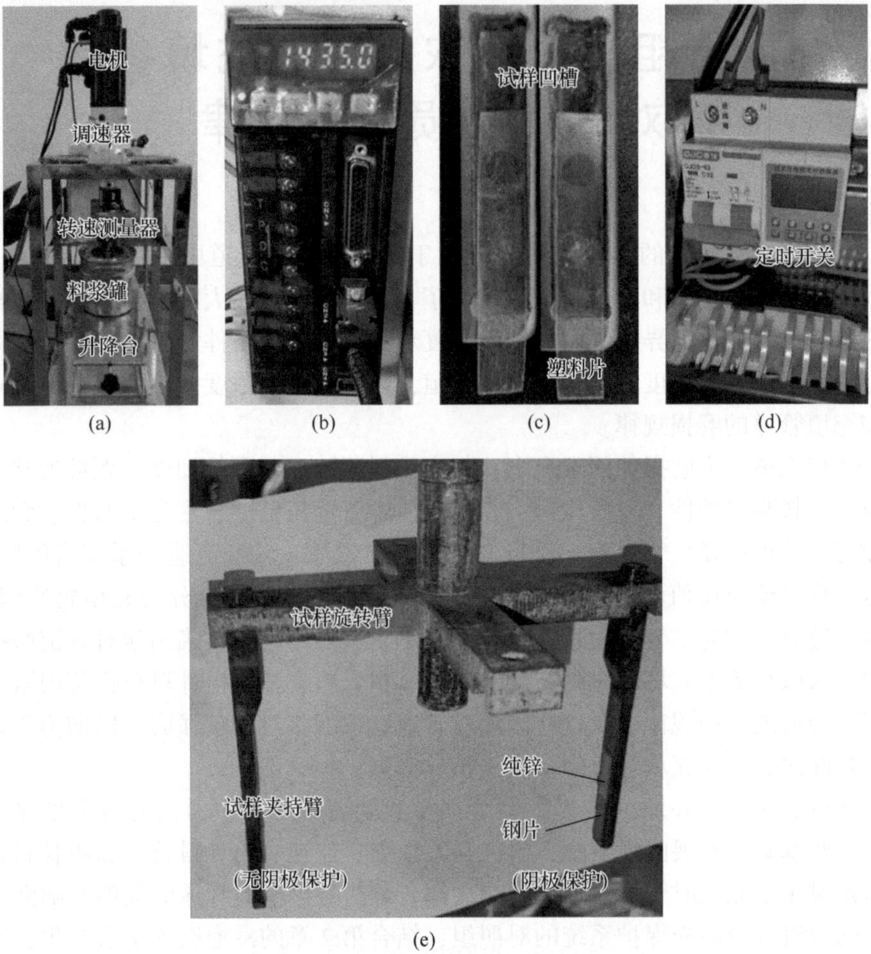

图 3-1　罐式磨损实验机

（a）总体外观；（b）调速器；（c）试样固定凹槽；（d）电机定时器；（e）试样旋转臂与试样夹持臂

参考国内外相关设计，结合高浓度充填料浆的研究对象，对传统的罐式磨损实验机进行部分改进，主要包括：

（1）采用可拆卸的料浆罐（图 3-1（a）），对于高浓度、高黏性的充填料浆，装料、排料和清洗料浆罐更加方便。

（2）引入简易的牺牲阳极（纯锌）的阴极保护系统（图 3-1（e）），可抑制钢试样在充填料浆中的腐蚀磨损，方便测试钢试样的纯磨蚀速率。该简易的阴极保护系统的可靠性已通过探索实验进行验证[176]。因此，本实验装置可实现总磨损和纯磨蚀的同时测试。

(3) 采用扁平的试样夹持机构（图 3-1（e）），方便后续对磨损试样进行受力分析。

(4) 改进磨损试样的固定方式，实现磨损试样的快速、牢固和无损安装、拆卸。以往多采用螺钉[72]或胶水[90]固定磨损试样。实验发现一旦脏物和水进入螺钉孔很难进行彻底清理。而胶水固定磨损试样时，解胶剂很难渗入凹槽导致试样拆卸困难，试样表面的残胶也很难彻底去除，影响称重精度。改进之后，用于镶嵌磨损试样的凹槽位于靠近旋转中心的一侧，试样表面与试样夹持臂表面齐平，试样靠旋转过程中的离心力紧贴在凹槽内，试样四侧受凹槽侧壁限制，只需在一端塞入微型塑料片即可将试样胀紧。试样凹槽底部放置薄塑料片（见图 3-1（c）），实验结束后从凹槽背面的圆孔将试样顶出，塑料片可防止磨损试样背面受到损伤。

料浆罐内径 20 cm，试样夹持臂宽度 $L=1.1$ cm，旋转半径 $R=7.0$ cm，且磨损试样宽面（HL 面）的法向指向旋转轴心，如图 3-2 所示。试样夹持臂旋转一周经过的长度为 43.96 cm，试样夹持臂的宽度仅为旋转周长的 2.5%，因此试样夹持臂宏观上做旋转运动但局部看其与料浆的相对运动是切向刮擦，可以视为“平行流动”[107]，和高浓度充填料浆与管壁之间的相对运动形式具有相似性。

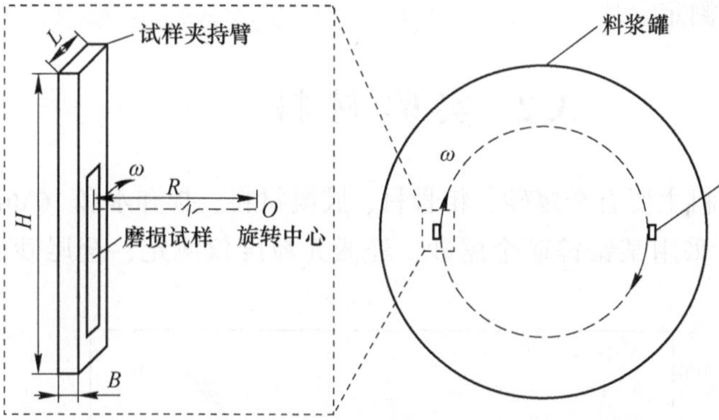

图 3-2 试样夹持臂与料浆的相对运动关系

电机带动试样夹持臂在高浓度料浆中做旋转运动的过程中，料浆由于其高浓度和高黏性而处于相对静止状态，由此磨损试样与高浓度料浆接触产生磨损，而试样夹持臂也在高浓度料浆中留下清晰的尾迹（本书中称其为剪切面），如图 3-3 所示。

由于磨损试样旋转过程中，高浓度料浆处于相对静止状态，那么试样旋转线速度可以视为高浓度料浆的流动速度。磨损试样的线速度 v（m/s）由下式进行计算：

$$V=\frac{2\pi Rn}{60m} \tag{3-1}$$

式中，R 为磨损试样的旋转半径，m；n 为电机的旋转速度，r/min；m 为减速机的减速比。

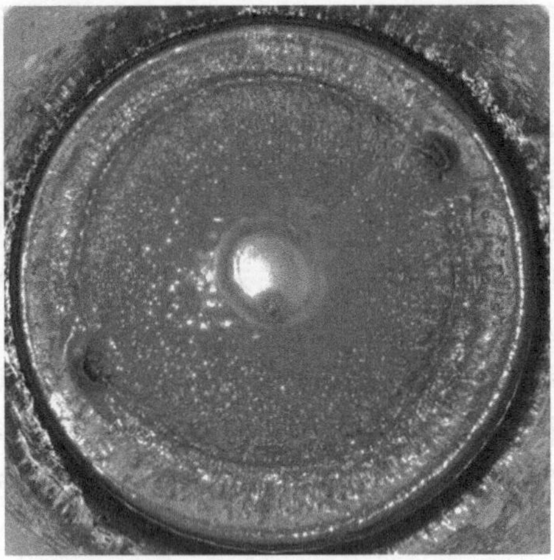

图 3-3　试样夹持臂在高浓度料浆中旋转形成的剪切面

总体上，本书设计的罐式磨损实验机具有体积小、实验用料少、实验周期短和可变因素较多的优点，可模拟高浓度充填料浆与管壁的平行流动，可对总磨损和纯磨蚀进行同时测定。

3.2　实验材料

实验用到的材料主要有全尾砂、粗骨料、胶凝材料、拌和水和 16Mn 钢。

(1) 全尾砂。采用某铅锌矿全尾砂，经激光粒度仪测定，全尾砂的粒径分布如图 3-4 所示。

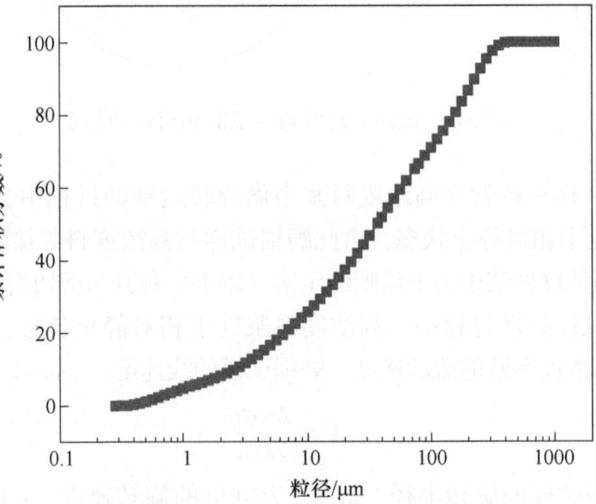

图 3-4　全尾砂粒径分布

研究表明，表征宽粒径颗粒对靶材磨损影响时，宜采用加权平均粒径[177]。根据图 3-4 计算，全尾砂的加权平均粒径为 78.3 μm，−20 μm 占 37.4%，不均匀系数 C_U 为 22.47，曲率系数 C_C 为 1.16。颗粒材料的不均匀系数大于 5 且曲率系数在 1~3 之间时可认定为级配良好[178]，因此该全尾砂的级配良好。

$$C_U = \frac{d_{60}}{d_{10}} \tag{3-2}$$

$$C_C = \frac{d_{30} \times d_{30}}{d_{60} \times d_{10}} \tag{3-3}$$

式中，d_{10}为 10%的颗粒材料能通过的筛网尺寸，d_{30}和 d_{60}以此类推。

全尾砂的密度为 2780 kg/m^3，松散容重为 1350 kg/m^3，密实容重为 1770 kg/m^3，松散空隙率为 51.4%，密实空隙率为 36.3%。

经分析，全尾砂的主要矿物成分为白云石和方解石，合计占 97%。全尾砂主要化学成分如表 3-1 所示。

表 3-1 全尾砂化学成分 (%)

成分	CaO	MgO	Fe_2O_3	ZnO	SiO_2	SO_3	Al_2O_3	TiO_2	其他
含量（质量分数）	85.4	3.4	3.0	2.8	1.7	0.9	0.9	0.8	1.1

（2）粗骨料。采用一种宽粒径分布的水淬渣来模拟矿山实际充填所用的粗骨料，采用 5 种窄粒径分布的石英砂来研究粗骨料粒径对磨损的影响。经组合筛测定，水淬渣的粒径分布如图 3-5 所示。

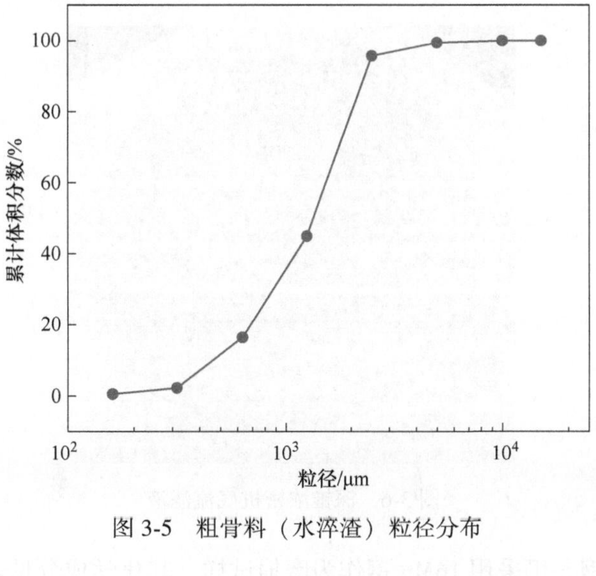

图 3-5 粗骨料（水淬渣）粒径分布

根据图 3-5 计算，水淬渣中粒径-5.0 mm 占 99.4%，-2.5 mm 占 95.7%，-1.25 mm 占 45%，加权平均粒径为 1474.6 μm，不均匀系数为 4.7，曲率系数为 0.96，级配不良。水淬渣密度为 3050 kg/m^3，松散容重为 1390 kg/m^3，密实容重为 1580 kg/m^3，松散空隙率为 54.4%，密实空隙率为 48.2%。

水淬渣的主要化学成分如表 3-2 所示。

表 3-2　水淬渣化学成分　(%)

成分	Fe_2O_3	SiO_2	CaO	Al_2O_3	MgO	S	其他
含量（质量分数）	35.8	34.5	15.3	7.9	4.6	0.3	1.6

市售石英砂的密度为 2650 kg/m^3，标称粒径范围分别为 1~2 mm、2~4 mm、4~8 mm、8~16 mm 和 16~32 mm。采用组合筛进行筛分，计算得到石英砂的实际加权平均粒径分别为 1.05 mm、2.43 mm、3.82 mm、7.34 mm 和 15.75 mm。

（3）胶凝材料。胶凝材料采用硅酸盐水泥，密度 3080 kg/m^3，初凝时间为 180 min，终凝时间为 265 min，其矿物组成如表 3-3 所示。

表 3-3　水泥的矿物组成　(%)

成分	CaO	SiO_2	Al_2O_3	Fe_2O_3	MgO	K_2O	其他
含量（质量分数）	61.5	20.3	7.6	3.4	2.4	1.1	3.7

（4）拌和水。第 2 章研究发现，水的种类对 16Mn 钢的腐蚀有重要影响。因此，采用深锥浓密机底流滤液（如图 3-6 所示）作为料浆拌和水，以使制备好的料浆更接近于现场实际。

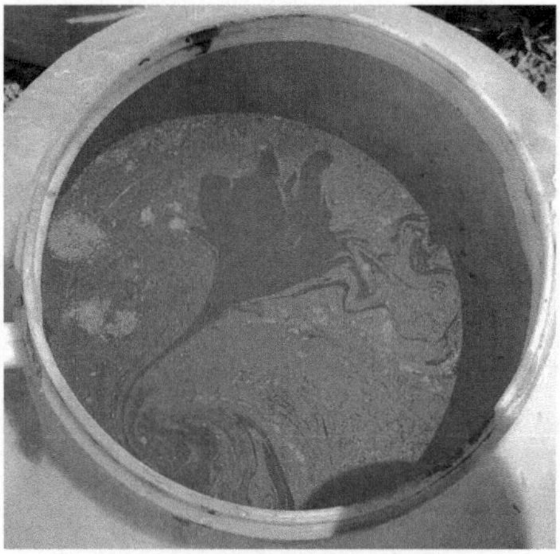

图 3-6　深锥浓密机底流滤液

（5）管道钢。仍采用 16Mn 钢作为磨损试样，其化学成分见表 2-3。

3.3　实验仪器及方法

3.3.1　实验仪器

实验使用的主要仪器是罐式磨损实验机，配合精度 0.1 mg 的分析天平来测量磨损试样的质量，精度 0.01 mm 的游标卡尺来测量试样的实际磨损面积。使用桨式流变仪（图 3-7（a））对高浓度充填料浆的流变参数进行测量，十字形转子高度 40 mm、直径 20 mm。

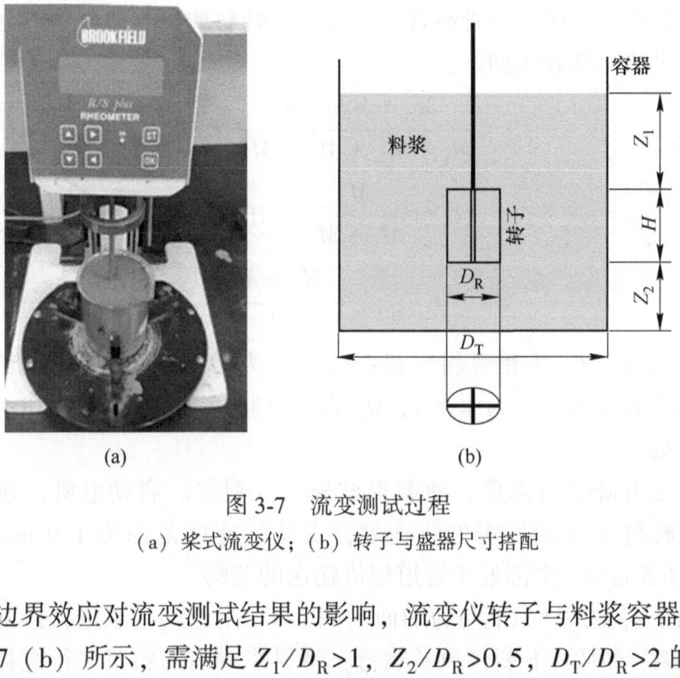

(a)　(b)

图 3-7　流变测试过程
（a）桨式流变仪；（b）转子与盛器尺寸搭配

为避免边界效应对流变测试结果的影响，流变仪转子与料浆容器尺寸的搭配关系如图 3-7（b）所示，需满足 $Z_1/D_R>1$，$Z_2/D_R>0.5$，$D_T/D_R>2$ 的尺寸要求，其中 D_R 为流变仪转子直径，D_T 为料浆容器的直径，Z_1 与 Z_2 分别为转子上、下两面至料浆上表面与烧杯底面的距离。选用 500 mL 烧杯可满足上述要求。

3.3.2　实验方法

磨损实验的操作方法如下：

（1）采用 16Mn 钢板去除锈迹后采用磁吸式磨床对两面进行抛光处理，然后加工成尺寸为 20 mm×7 mm×3 mm 的磨损试样，试样的实际尺寸采用精度 0.01 mm 的游标卡尺进行复核。纯锌也加工成 20 mm×7 mm×3 mm 的试样。实验前，使用由表面活性剂、有机酸和缓蚀剂配置的除锈剂去除 16Mn 钢试样表面氧化物（涮洗 60 s），使用丙酮去除试样表面油污，使用去离子水将试样清洗干净并风干后，用精度为 0.1 mg 的电子天平称重。纯锌试样表面氧化物较厚，使用砂纸打磨去除。

（2）将磨损试样固定在试样夹持臂的凹槽内，试样表面与试样夹持臂表面齐平。其中一个试样夹持臂的凹槽内只放 16Mn 钢试样（无阴极保护），用于测试其在料浆中的总磨损速率。另一个试样夹持臂的凹槽内放 16Mn 钢试样和纯锌试样，并且两者紧密接触（图 3-1（e））形成牺牲阳极（纯锌）的阴极（16Mn 钢）保护系统，用来测试 16Mn 钢在料浆中的纯磨蚀速率。

（3）配置预设配比的高浓度料浆，将料浆盛入罐内。料浆配比的变量主要有浓度、粗骨料含量和粗骨料粒径，砂灰比固定为 6。料浆浓度定义为所有骨料质量与料浆总质量之比。粗骨料含量定义为粗骨料质量与粗骨料、尾砂总质量之比。料浆配比的计算方法如下：

$$C_s = \frac{M_t + M_b + M_c}{M_t + M_b + M_c + M_w} \times 100\% \tag{3-4}$$

$$C_c = \frac{M_c}{M_t + M_c} \times 100\% \tag{3-5}$$

$$C_{(t+c)/b} = \frac{M_t + M_c}{M_b} \tag{3-6}$$

式中，C_s 为浓度；C_c 为粗骨料含量；$C_{(t+c)/b}$ 为砂灰比；M_t 为干尾砂质量；M_b 为胶凝材料质量（本书中为水泥）；M_c 为粗骨料质量；M_w 为拌和水质量；质量单位均采用 kg。

（4）改变升降平台高度，使磨损试样浸入料浆。启动电机，通过调频装置调节试样旋转臂至实验所需的线速度，实验的速度范围为 1.0 m/s、1.5 m/s、2.0 m/s 和 2.5 m/s，全部处于管道层流输送的范畴。

（5）由于磨损试样只能与剪切面（图 3-3）附近的料浆进行接触，为减少颗粒细化的影响，每隔 1 h 暂停设备运行，将料浆罐内的料浆进行搅拌，一是将剪切面以外的没有颗粒细化的“新鲜”料浆迁移至剪切面附近，二是尽量消除可能存在的颗粒沉降现象对磨损实验结果的影响。

（6）到达设定实验时间（3~4 h）后，电机停止运行，取下 16Mn 钢试样。使用由表面活性剂、有机酸和缓蚀剂配置的除锈剂去除试样表面氧化物（涮洗 60 s），使用丙酮去除试样表面油污，使用去离子水将试样清洗干净并风干后，用精度为 0.1 mg 的电子天平称重。试样磨损前后的质量差值记为该组实验条件下的磨损失重量。

磨损实验的同时，取制备好的高浓度充填料浆进行流变测试。为尽可能模拟管道的恒定剪切作用，先采用流变仪转子以恒定的剪切速率 80 s^{-1} 对料浆预剪切 600 s，然后停止剪切 10 s，最后将剪切速率在 120 s 内由 0 上升至 120 s^{-1}。完成测试后以 0~120 s^{-1} 内的剪切速率-剪切应力数据拟合得到料浆的流变参数。

3.4 实验结果及分析

根据试样的失重量、试样的磨损面积和磨损时间，将试样的质量损失进行标准化：

$$W = \frac{\Delta m}{St} \tag{3-7}$$

式中，W 为磨损速率，mg/(m^2 · h)；Δm 为试样的磨损失重量，mg；S 为试样的磨损面积，m^2；t 为试样的磨损时间，h。

试样的总磨损速率由三部分构成：

$$W_t = W_a + W_c + W_{a+c} \tag{3-8}$$

式中，W_t 为总磨损速率；W_a 为纯磨蚀磨损速率；W_c 为纯腐蚀磨损速率；W_{a+c} 为磨蚀-腐蚀协同磨损速率；单位均为 mg/(m^2 · h)。总磨损速率在无阴极保护条件下的磨损实验得到，纯腐蚀磨损速率由第 2 章的浸泡腐蚀实验得到，纯磨蚀磨损速率在有阴极保护条件下的磨损实验得到，磨蚀-腐蚀协同磨损速率根据式(3-8) 计算得到。

以粗骨料含量 25%、砂灰比 6 为例，掺粗骨料高浓度全尾砂料浆的典型剪切应力与剪切速率关系曲线如图 3-8 所示。

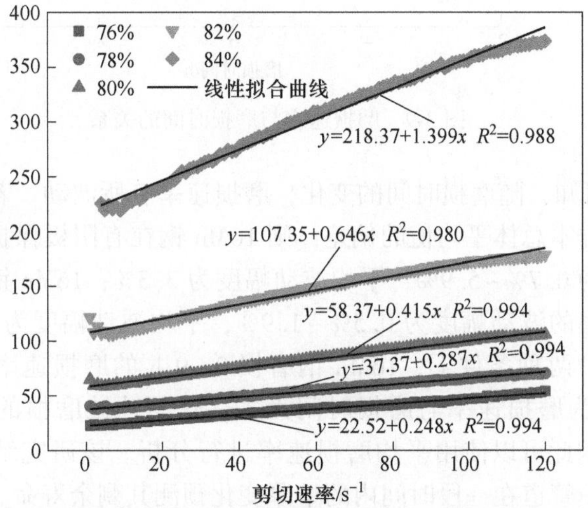

图 3-8 掺粗骨料高浓度全尾砂料浆的典型流变曲线

由图 3-8 可见，剪切应力和剪切速率符合线性关系，可采用宾汉流变模型进行拟合，拟合优度 R^2 均在 0.98 以上。

$$\tau = \tau_0 + \eta\dot{\gamma} \tag{3-9}$$

式中，τ 为剪切应力，Pa；τ_0为（动态）屈服应力，Pa；η 为塑性黏度，Pa · s；$\dot{\gamma}$ 为剪切速率，s^{-1}。

3.4.1 磨损时间对磨损速率的影响

研究磨损时间对磨损速率的影响，可用于判定管道的磨损速率在其寿命周期内是处于增长、降低或恒定状态，对于预测管道的剩余使用寿命有重要作用。以料浆浓度 82%、砂灰比 6、水淬渣含量 25%（屈服应力 107.4 Pa，塑性黏度 0.646 Pa · s）进行实验，流速设定为 1.5 m/s，实验结果如图 3-9 所示。

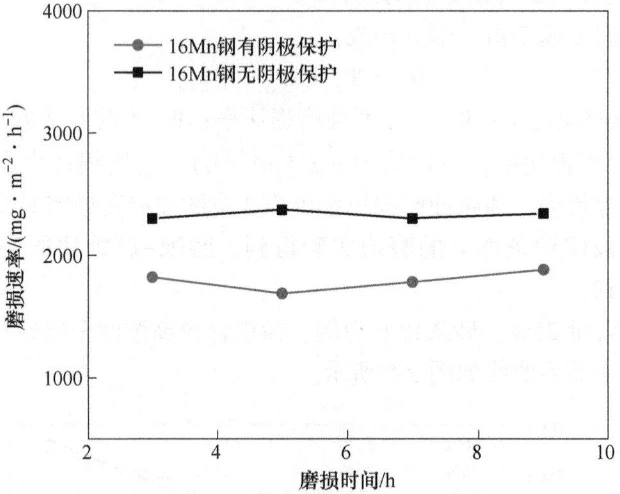

图 3-9 磨损速率与磨损时间的关系

由图 3-9 可知，随磨损时间的变化，磨损速率有所波动。若定义波动幅度为单个样本值与样本总体平均值的偏差，则 16Mn 钢在有阴极保护条件下的磨损速率的波动幅度为 0.7%~5.9%，平均波动幅度为 3.3%；16Mn 钢在无阴极保护条件下的磨损速率的波动幅度为 0.5%~1.9%，平均波动幅度为 1.2%。有阴极保护和无阴极保护两种条件下，16Mn 钢磨损 3~9 h 的磨损速率平均波动幅度为 2.3%，可以认为磨损速率与磨损时间无关，这与冲蚀磨损的相关研究结果一致[38,142-145]，因此可以使用平均磨损速率进行分析。该研究结果的实用价值在于，可根据充填管道在一段时间内的壁厚变化预测其剩余寿命。

由图 3-9 还可知，料浆浓度 82%、水淬渣含量 25%、流速 1.5 m/s 时，16Mn 钢的总磨损速率为 2329.9 mg/(m^2 · h)，纯磨蚀磨损速率为 1794.5 mg/(m^2 · h)。根据第 2 章浸泡腐蚀实验结果，换算得到纯腐蚀速率为 3.8 mg/(m^2 · h)，则磨蚀-腐蚀协同磨损速率为 531.6 mg/(m^2 · h)。计算可知，该组实验条件下纯磨蚀磨损速率、纯腐蚀磨损速率和磨蚀-腐蚀协同磨损速率占总磨损速率的比例分别为77.0%、0.2%和22.8%。可见，虽然纯腐蚀速率非常小，但磨蚀-腐蚀的协同作用对16Mn钢的总磨损速率仍有较重要的影响。

同时根据图3-9，需要澄清一个概念：磨蚀与腐蚀协同作用会加快管道磨损应该理解为，磨蚀与腐蚀协同作用下的总磨损速率比单独的磨蚀速率或单独的腐蚀速率要大，而不应理解为随着磨损时间的延长总磨损速率越来越大。

3.4.2 料浆流速对磨损速率的影响

以料浆浓度82%、砂灰比6、水淬渣含量25%进行实验（屈服应力107.4 Pa，塑性黏度0.646 Pa·s），流速设定为1.0 m/s、1.5 m/s、2.0 m/s和2.5 m/s共4个梯度，实验结果如图3-10所示。

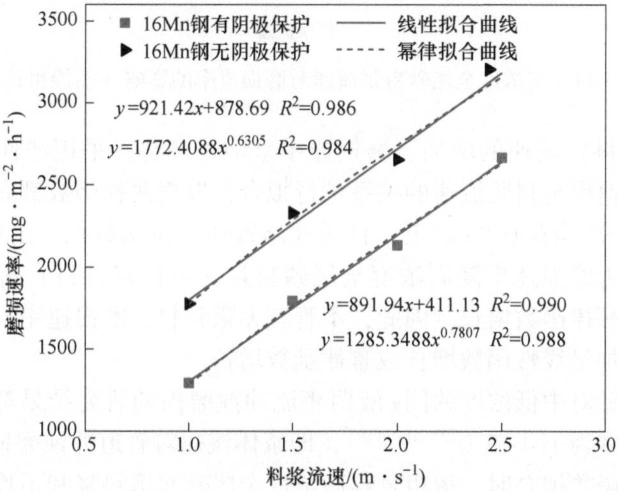

图3-10 掺粗骨料高浓度全尾砂料浆流速对磨损速率的影响

由图3-10可知，随着掺粗骨料高浓度全尾砂料浆流速的增加，磨损速率呈增长趋势。根据图像趋势，采用线性函数和幂律函数分别对磨损速率与料浆流速的关系进行拟合，发现两种函数都有很高的拟合精度，拟合优度R^2均在0.98以上，且线性函数和幂律函数拟合的精度非常接近。因此，可以认为磨损速率随高浓度全尾砂料浆流速的增加呈线性函数增长或幂律函数增长。

为进一步验证上述结论，以料浆浓度80%、砂灰比6、粗骨料含量0（屈服应力128.7 Pa，塑性黏度0.562 Pa·s）进行实验，流速设定为1.0 m/s、1.5 m/s、2.0 m/s和2.5 m/s共4个梯度，高浓度全尾砂料浆流速对磨损速率的影响如图3-11所示。

由图3-11可知，与掺粗骨料高浓度全尾砂料浆类似，随着高浓度全尾砂料

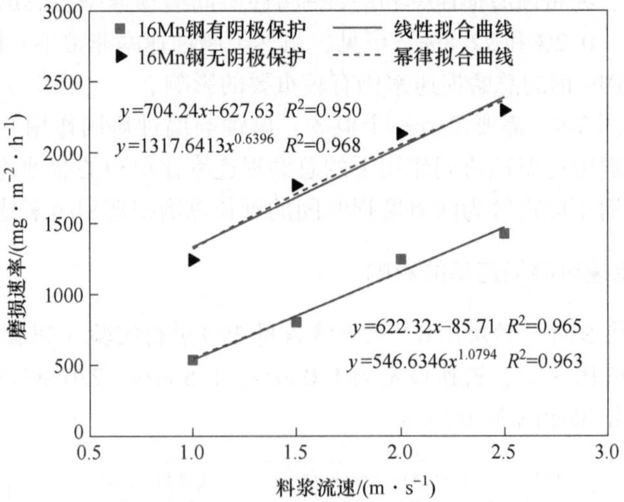

图 3-11　高浓度全尾砂料浆流速对磨损速率的影响（不掺粗骨料）

浆（不掺粗骨料）流速的增加，磨损速率呈增长趋势。采用线性函数和幂律函数分别对磨损速率与料浆流速的关系进行拟合，发现两种函数都有很高的拟合精度，拟合优度 R^2 均在 0.95 以上，且线性函数和幂律函数拟合的精度非常接近。因此，可以认为磨损速率随高浓度全尾砂料浆（不掺粗骨料）流速的增加呈线性函数增长或幂律函数增长。因此，不管有无粗骨料，磨损速率均随高浓度充填料浆流速的增加呈线性函数增长或幂律函数增长。

以往大量针对中低浓度的固-液两相流冲蚀磨损的研究结果都表明，浆体流速的幂律指数多为 1.4~3.0[88,109,118]，即浆体流速对管道冲蚀磨损的影响十分显著。采用幂律函数拟合时，掺粗骨料高浓度全尾砂充填料浆和不掺粗骨料的高浓度全尾砂充填料浆总磨损速率中，料浆流速的幂律指数分别为 0.6305 和 0.6396，表明高浓度充填料浆流速对磨损速率的影响并不像中低浓度固-液两相流冲蚀磨损中那样显著。分析认为，造成这种差异的主要原因是：高浓度充填料浆管输阻力较大，通常在管道中进行层流输送，固体颗粒的相互阻碍作用强烈，因此仅有靠近管壁的部分颗粒有机会与管壁接触摩擦，并且与管壁的接触不是高速碰撞。中低浓度的固-液两相流中，固体颗粒之间的相互阻碍作用较弱，并且为防止颗粒沉降多数采用紊流输送，这导致大部分固体颗粒都有机会对管壁进行高速碰撞。颗粒质量一定时，颗粒碰撞管壁时的动能与其速度成二次方关系，速度增大一倍磨损速率可能就增大 4 倍。尽管高浓度充填料浆层流流速（小于 3 m/s）对管道磨损的影响并不像中低浓度料浆紊流时那样显著，但降低高浓度充填料浆的流速对降低管道磨损仍有积极作用。为确保充填流量，可通过加大管道直径来降低流速进而减少管道磨损。

3.4.3 料浆浓度对磨损速率的影响

以砂灰比 6、水淬渣含量 25%进行实验，流速设定为 1.5 m/s，料浆浓度设定为 76%、78%、80%、82%和 84%共 5 个水平，实验结果如图 3-12 所示。

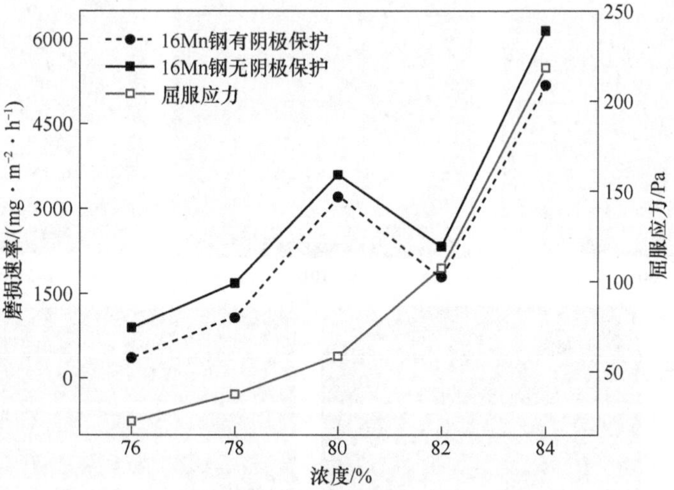

图 3-12 掺 25%粗骨料的充填料浆浓度对磨损速率的影响

随着浓度的增加，16Mn 钢的磨损速率总体上呈增长趋势，但是在浓度 80%~82%时磨损速率出现了下降，然后在浓度 82%~84%时磨损速率又快速上升。出现这种现象主要原因是，磨损实验的料浆浓度范围较广，机械磨损类型既涵盖了颗粒磨蚀，在浓度 76%~80%时还存在因粗骨料的运动惯性较大对试样造成的微碰撞冲蚀，具体分析如下：

(1) 浓度 76%~80%时，料浆屈服应力仅 22.5~58.4 Pa，无法有效限制粗骨料的惯性运动，即粗骨料的平均自由行程[34]较大，机械磨损形式既有磨蚀也有粗骨料微碰撞造成的冲蚀，且粗骨料微碰撞造成的冲蚀磨损占据主导作用；随着浓度的增大固体颗粒的密集程度也增大，这相当于单位面积的磨损试样接触到更多的固体颗粒，因而磨损速率增加。

(2) 浓度 80%~82%时，料浆屈服应力从 58.4 Pa 增加到 107.4 Pa，粗骨料的惯性运动能力被显著抑制，虽然颗粒密集程度增加（单位面积的磨损试样接触到的固体颗粒数量增加）了，但是粗骨料微碰撞造成的冲蚀磨损被显著抑制，因而磨损速率降低。

(3) 浓度 82%~84%时，料浆屈服应力从 107.4 Pa 增加到 218.4 Pa，冲蚀磨损被完全抑制，机械磨损类型为纯粹的磨蚀，并且由于固体颗粒的密集程度显著增加（单位面积的磨损试样接触到的固体颗粒数量显著增加），颗粒与试样之间接触紧密，因而磨损速率再次增加且增长较快。

上述试样磨损速率随料浆浓度的变化规律，可从实验过程中试样旋转臂在不同浓度料浆中形成的剪切面状态得到印证，如图 3-13 所示。

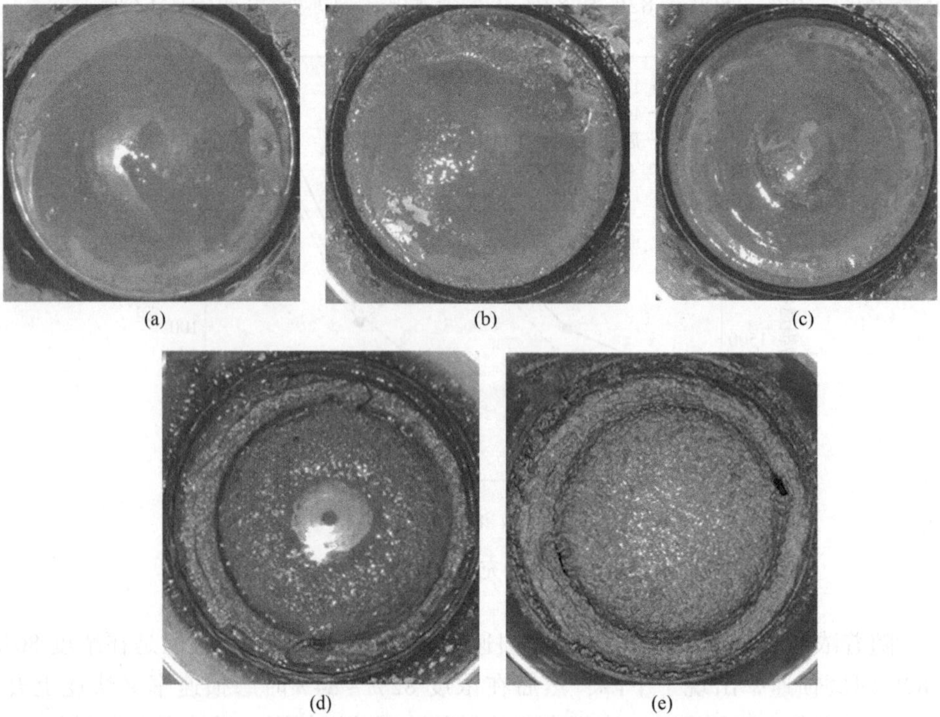

(a) (b) (c)

(d) (e)

图 3-13　25%粗骨料时不同浓度料浆中的剪切面

(a) 76%；(b) 78%；(c) 80%；(d) 82%；(e) 84%

由图 3-13 可见，料浆浓度 76%～78%时无肉眼可见的剪切面，表明颗粒密集程度较低，颗粒间相互干涉阻碍作用较低，固体颗粒具有较强的运动能力，特别是粗骨料的惯性运动范围（平均自由行程）较大。料浆浓度 80%时隐约能够看见试样旋转臂形成的剪切面，表明颗粒密集程度较高，颗粒间相互干涉阻碍作用增强，固体颗粒的运动能力特别是粗骨料的惯性运动降低。料浆浓度 82%～84%时有明显的剪切面，表明颗粒密集程度很高，颗粒间相互干涉阻碍作用十分强烈，固体颗粒的运动能力被显著抑制，特别是粗骨料的惯性运动被完全限制。

基于上述分析可以推断，在其他条件全部固定的情况下，如果只将粗骨料含量降低，那么高浓度充填料浆的流动性将降低、屈服应力增加，磨损速率随浓度变化的两个转折点将左移。为验证上述推断，以砂灰比 6、水淬渣含量 15%进行补充实验，流速仍设定为 1.5 m/s，料浆浓度设定为 76%、78%、80%、82%和 84%共 5 个水平，实验结果如图 3-14 所示。

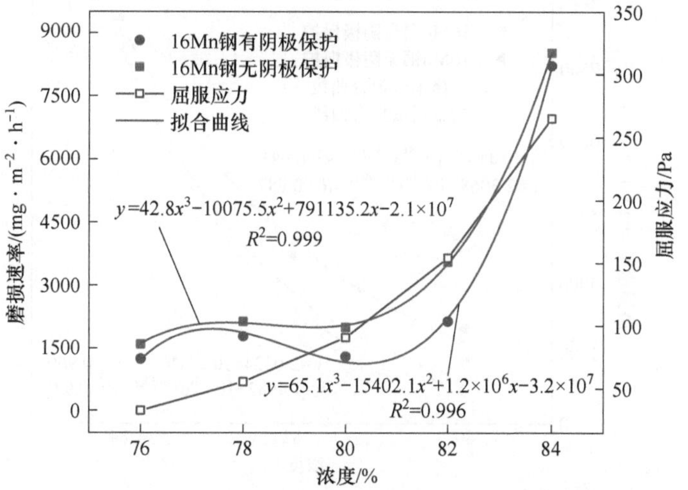

图 3-14　掺 15%粗骨料充填料浆浓度对磨损速率的影响

由图 3-14 可知，随浓度的增加，16Mn 钢的磨损速率总体上呈增长趋势，但是在浓度 78%到 80%时磨损速率出现了下降，然后在浓度 80%到 84%时磨损速率又上升。与粗骨料含量 25%时的实验数据（图 3-12）相比，磨损速率随料浆浓度变化的两个转折点左移，证实了前述推断，也证明针对图 3-12 所作的分析解释是合理的。

粗骨料掺量 25%时，对冲蚀和磨蚀同时存在时的实验数据（料浆浓度 76%～80%）进行拟合，结果如图 3-15（a）所示。粗骨料掺量 15%时，对磨蚀范围内的实验数据（料浆浓度 80%～84%）进行拟合，结果如图 3-15（b）所示。由图 3-15

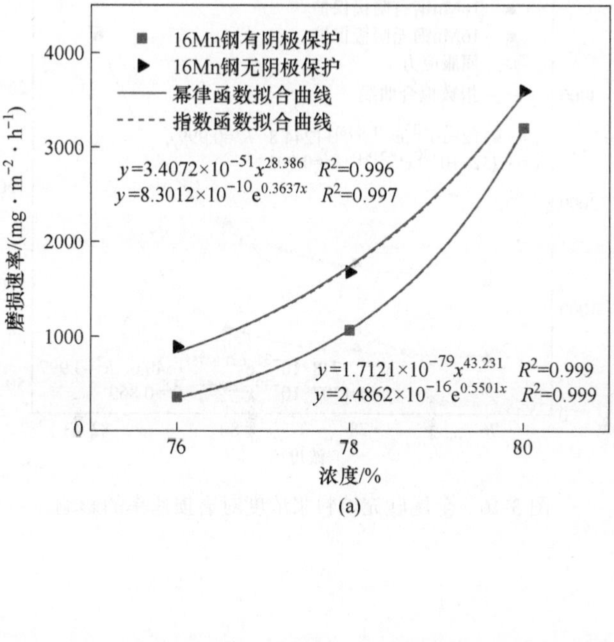

(a)

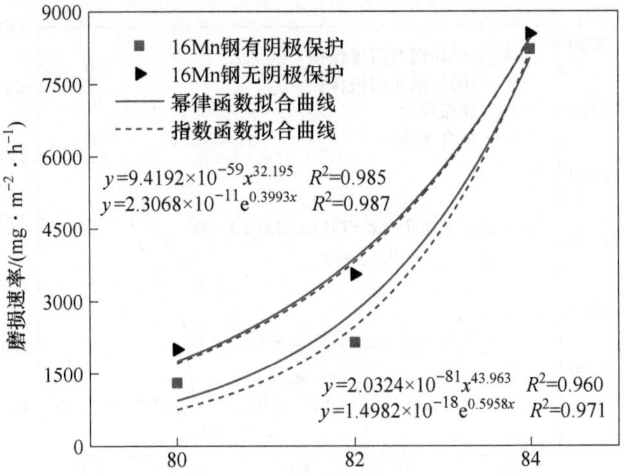

(b)

图 3-15　磨损速率与料浆浓度的拟合关系

（a）25%粗骨料-冲蚀+磨蚀段；（b）15%粗骨料-磨蚀段

可知，采用幂律函数和指数函数都能较好地拟合磨损速率与掺粗骨料高浓度充填料浆浓度的关系，拟合优度 R^2 都在 0.96 以上，总体上指数函数的拟合效果更好。

由于图 3-15 中仅有 3 个浓度水平，可能不足以说明问题，因此进行补充磨损实验。为避免出现浓度影响的拐点，选择屈服应力较高的不掺粗骨料的高浓度全尾砂料浆进行实验，砂灰比 6，流速 1.5 m/s，料浆浓度设定为 76%、78%、80%和 82%共 4 个水平。全尾砂充填料浆浓度对磨损速率的影响如图 3-16 所示。

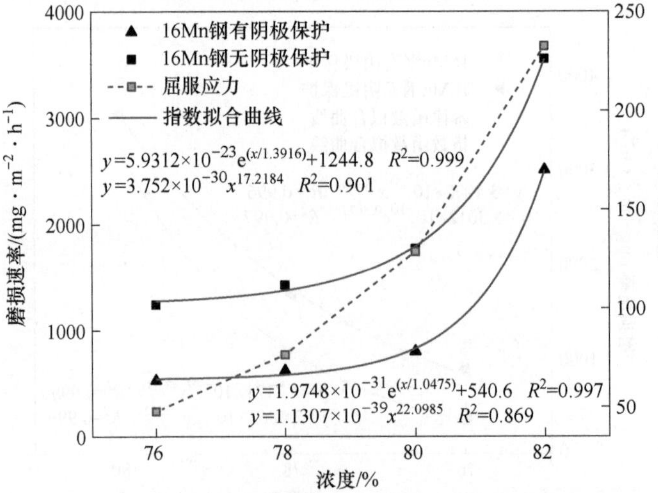

图 3-16　全尾砂充填料浆浓度对磨损速率的影响

由图 3-16 可知，采用幂律函数和指数函数都能较好地拟合磨损速率与全尾砂料浆浓度的关系，但指数拟合的精度显著高于幂律函数（指数拟合优度 R^2 在 0.99 以上），结果与图 3-15 具有一致性。

采用图 3-15 和图 3-16 中的幂律函数拟合结果进行分析时，高浓度充填料浆浓度的幂律指数大于 17，与以往针对中低浓度浆体的研究结果差异明显[75,78,94,107]，表明高浓度充填料浆的浓度对管道磨损的影响显著。

由图 3-12、图 3-14 和图 3-16 还可知，磨损速率随料浆浓度的增加而增加的过程中，存在使磨损速率突增的浓度临界值：

（1）砂灰比 6、粗骨料含量 25%时，料浆浓度由 82%增加到 84%时，有阴极保护和无阴极保护的磨损速率增幅最大，分别为 3384.5 mg/(m^2·h) 和 3818.1 mg/(m^2·h)，因此磨损速率突增点为浓度 82%。同时，料浆浓度由 82%增加到 84%时，屈服应力增幅也最大，为 111.0 Pa。

（2）砂灰比 6、粗骨料含量 15%时，料浆浓度由 82%增加到 84%时，有阴极保护和无阴极保护的磨损速率增幅最大，分别为 6074.5 mg/(m^2·h) 和 4978.3 mg/(m^2·h)，因此磨损速率突增点为浓度 82%。同时，料浆浓度由 82%增加到 84%时，屈服应力增幅也最大，为 111.1 Pa。

（3）砂灰比 6、粗骨料含量 0 时，料浆浓度由 80%增加到 82%时，有阴极保护和无阴极保护的磨损速率增幅最大，分别为 1785.6 mg/(m^2·h) 和 1796.2 mg/(m^2·h)，因此磨损速率突增点为浓度 80%。同时，料浆浓度由 80%增加到 82%时，屈服应力增幅也最大，为 103.9 Pa。

综上可知，磨损速率的突增点与高浓度充填料浆屈服应力的突增点完全一致，表明磨损速率的变化与高浓度充填料浆屈服应力的变化有很好的一致性。因此，不管是为了控制管道磨损还是为了控制管道输送阻力，都应尽量避免充填浓度大于上述的浓度临界值。

3.4.4　粗骨料含量对磨损速率的影响

以砂灰比 6、浓度 82%进行实验，流速设定为 1.5 m/s，水淬渣含量设定为 0、6.3%、15%、25%和 35%共 5 个水平，实验结果如图 3-17 所示。

由图 3-17 可知，砂灰比 6、料浆浓度 82%时，随着粗骨料含量的增加，16Mn 钢的磨损速率呈先降低后增加的趋势。从散点数据上看，粗骨料含量 25%时磨损速率最小。可见，在特定的浓度和砂灰比条件下，存在一个使磨损速率最低的最佳粗骨料含量，而不是粗骨料含量越多管道磨损越严重。随着粗骨料含量的增加，16Mn 钢的磨损速率先降低后增加，这可以从以下几个方面进行解释：

（1）粗骨料含量为 0 时，料浆屈服应力达到了 232.6 Pa，此时不仅尾砂颗粒的密集程度非常高，而且流动性也极差，尾砂颗粒与磨损试样接触紧密，这相当

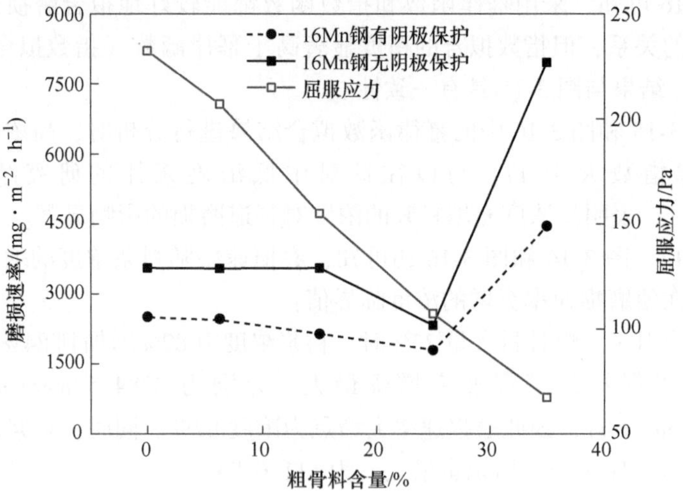

图 3-17　粗骨料含量对磨损速率的影响

于单位面积磨损试样接触到的固体颗粒数量很多，因此磨损速率较高。

（2）随着粗骨料的加入（0～25%），料浆屈服应力由 232.6 Pa 降低到 107.4 Pa，料浆的流动性有所提高，固体颗粒的密集程度降低（相当于单位面积的磨损试样接触到的固体颗粒数量减少）。这是因为料浆浓度没变但体积浓度降低了（水淬渣相对密度大于尾砂），同时粗骨料比表面积小，粗骨料增多后被吸附的自由水也减少，宏观上表现为料浆流动性提高。另外，虽然粗骨料含量的增加会导致磨损速率的增加，但此时粗骨料含量太低其对磨损的贡献还没有充分体现。由于高浓度料浆流动性提高的减磨效应大于粗骨料增多的增磨效应，两种效应叠加后磨损速率缓慢降低。

（3）随着粗骨料的继续加入（25%～35%），料浆屈服应力由 107.4 Pa 降低到 67.4 Pa，料浆的流动性非常好，固体颗粒的密集程度显著降低（因为固相体积浓度继续降低），颗粒对试样的磨蚀磨损降低，但颗粒的微碰撞导致的冲蚀以及粗骨料增多对磨损的促进作用进一步得到凸显。粗骨料含量增多还导致细颗粒含量减少，粗骨料失去包裹和缓冲而增加了与试样进行直接接触的概率[179]，因此磨损速率显著增大。

由图 3-17 还可知，在特定的料浆浓度和砂灰比条件下，存在一个使磨损速率突增的临界粗骨料含量。砂灰比 6、料浆浓度为 82%时，临界粗骨料含量为 25%。临界粗骨料含量的存在同样与料浆屈服应力的变化密切相关。粗骨料含量从 0 增加到 15%时屈服应力降低 33.4%，粗骨料含量从 15%增加到 25%时屈服应力降低 30.7%，粗骨料含量从 25%增加到 35%时屈服应力降低 37.2%。粗骨料含量从 25%增加到 35%时屈服应力降低幅度最大而磨损速率增幅最大，表明磨损速率的变化与高浓度充填料浆屈服应力的变化有一定的一致性。

3.4.5 粗骨料粒径对磨损速率的影响

以砂灰比6、料浆浓度82%、粗骨料含量25%进行磨损实验，流速设定为1.5 m/s，粗骨料为不同粒径的石英砂，粗骨料粒径对磨损速率的影响如图3-18所示。实验过程中发现，采用标称粒径范围16~32 mm（平均粒径15.75 mm）的石英砂时磨损实验无法进行。一是因为石英砂粒径太粗后容易沉积在料浆罐底部；二是试样夹持臂下沿距料浆罐底部仅0.5 cm，试样夹持臂下沿很容易与石英砂产生剐蹭，导致料浆罐剧烈抖动，试样与料浆之间的相对运动很不稳定。因此只得到石英砂平均粒径分别为1.05 mm、2.43 mm、3.82 mm和7.34 mm时的磨损数据。

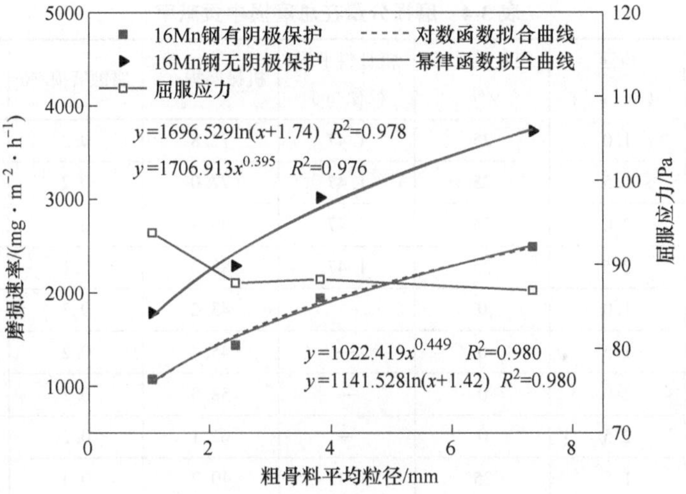

图3-18 粗骨料粒径对磨损速率的影响

由图3-18可知，随着粗骨料粒径的增加，16Mn钢的磨损速率呈增长趋势。采用多种函数模型进行拟合，发现对数函数和幂律函数具有较好的拟合效果，拟合优度 R^2 均在0.97以上。由于罐式磨损实验机的缺陷，不能进行粗骨料粒径太粗的磨损实验，对数函数和幂律函数的特性也决定了不能通过数学方法确定对磨损速率不再产生影响的粗骨料“平台粒径”[38,111-112]。尽管如此，充填料浆中粗骨料的粒径应尽量小，一是可以有效防止充填过程中粗骨料的沉降堵管，二是可以防止洗管过程中粗骨料的沉降堵管、降低对管壁的冲蚀磨损，三是可以降低粗骨料在与垂直管道高速碰撞后破裂造成的“二次冲蚀”。

由图3-18还可知，随着粗骨料平均粒径的增大，料浆屈服应力先有较大幅度的降低，但随后降低的趋势逐渐减小。其主要原因是，粗骨料质量占比不变的情况下，粗骨料粒径越大其比表面积越小，粗骨料表面能吸附的自由水总量就越少，宏观上体现为料浆流动性提高、屈服应力降低。粗骨料粒径 1.05 mm、2.43 mm、3.82 mm 和 7.34 mm 对应的比表面积分别为 2.1563 m^2/kg、0.1740 m^2/kg、0.0448 m^2/kg 和 0.0063 m^2/kg，可见粗骨料粒径由 1.05 mm 增加到 2.43 mm 时比表面积降低幅度最大，对应的料浆屈服应力降低幅度也最大（93.8~86.9 Pa）。

3.4.6　磨损分量在总磨损中贡献率分析

根据式（3-8）计算纯磨蚀磨损速率、纯腐蚀磨损速率和磨蚀-腐蚀协同磨损速率在总磨损速率中的贡献率。由于部分配比的实验结果同时包含冲蚀和磨蚀，因此统一用机械磨损进行表示，计算结果如表 3-4 所示。

表 3-4　磨损分量在总磨损中贡献率

浓度/%	流速/($m \cdot s^{-1}$)	粗骨料含量/%	粗骨料平均粒径/mm	机械磨损/%	腐蚀磨损/%	协同磨损/%
82	1.0	25	1.47	72.8	0.2	27.0
82	1.5	25	1.47	77.0	0.2	22.8
82	2.0	25	1.47	80.3	0.1	19.5
82	2.5	25	1.47	83.3	0.1	16.6
80	1.0	0	—	43.2	0.3	56.5
80	1.5	0	—	45.4	0.2	54.4
80	2.0	0	—	58.5	0.2	41.3
80	2.5	0	—	62.1	0.2	37.7
76	1.5	25	1.47	40.2	0.4	59.4
78	1.5	25	1.47	63.4	0.2	36.3
80	1.5	25	1.47	89.1	0.1	10.8
82	1.5	25	1.47	77.0	0.2	22.8
84	1.5	25	1.47	84.2	0.1	15.7
76	1.5	15	1.47	78.2	0.2	21.6
78	1.5	15	1.47	83.4	0.2	16.4
80	1.5	15	1.47	65.1	0.2	34.7
82	1.5	15	1.47	60.4	0.1	39.5
84	1.5	15	1.47	96.3	0.1	3.6
76	1.5	0	—	42.8	0.3	56.9
78	1.5	0	—	43.7	0.2	56.1

续表 3-4

浓度/%	流速/(m·s^{-1})	粗骨料含量/%	粗骨料平均粒径/mm	机械磨损/%	腐蚀磨损/%	协同磨损/%
80	1.5	0	—	45.4	0.2	54.4
82	1.5	0	—	70.6	0.1	29.3
82	1.5	6.3	1.47	69.6	0.1	30.3
82	1.5	15	1.47	60.4	0.1	39.5
82	1.5	25	1.47	77.0	0.2	22.8
82	1.5	35	1.47	55.9	0.1	44.0
82	1.5	25	1.05	60.2	0.2	39.6
82	1.5	25	2.43	62.7	0.2	37.1
82	1.5	25	3.82	64.4	0.1	35.5
82	1.5	25	7.34	66.7	0.1	33.2

总结表 3-4 可得到以下规律：

（1）对于掺粗骨料的高浓度全尾砂充填料浆，机械磨损在总磨损速率中始终占主导地位（超过 50%），且流速越高、粗骨料粒径越大机械磨损速率在总磨损速率中的比例越大。

（2）对于不掺粗骨料的高浓度全尾砂充填料浆，随着流速的增大磨蚀磨损的比例也越大。流速为 1~1.5 m/s 时，磨蚀-腐蚀协同磨损在总磨损速率中占主导地位，流速为 2.0~2.5 m/s 时，纯磨蚀磨损速率在总磨损速率中占主导地位。浓度临界值以下磨蚀-腐蚀协同磨损速率在总磨损速率中占主导地位，浓度临界值以上磨蚀磨损在总磨损速率中占主导地位。

（3）纯腐蚀速率在总磨损速率中的占比不超过 0.5%，但协同磨损速率的占比为 3.6%~59.4%。虽然纯腐蚀速率非常小，但磨蚀-腐蚀的协同作用对 16Mn 钢的总磨损速率有重要影响。

综上，输送掺粗骨料的高浓度全尾砂充填料浆时，应注重充填管道的耐磨能力，且流速越高、粗骨料的粒径越大越应重视充填管道的耐磨能力。输送浓度临界值以下的不掺粗骨料的高浓度全尾砂充填料浆时，在注重充填管道的耐磨能力时还应充分注重管道的耐腐蚀能力，选用耐腐蚀的管材对延长管道寿命有重要意义。

3.4.7　磨损速率与各因素的组合回归模型

（1）不掺粗骨料的高浓度全尾砂充填料浆。为了与以往研究结果进行对比，采用的磨损速率与料浆浓度、流速的经验模型如下：

$$W = kv^m C_w^n \tag{3-10}$$

采用上述幂律模型对不掺粗骨料的高浓度全尾砂充填料浆的磨损实验结果进行拟合，拟合参数及误差如表 3-5 所示。其中误差被转换成绝对值，然后求平均值。

表 3-5　高浓度全尾砂料浆磨损回归模型拟合参数及误差

阴极保护	k	m	n	误差范围/%	平均误差/%
有	4.9503×10^{-31}	0.9701	17.4134	−38.1~25.8	20.2
无	1.0518×10^{-19}	0.5830	11.6444	−27.7~22.4	13.5

考虑到全尾砂料浆浓度 82%时屈服应力达到 232.6 Pa，流动性极差，因此将此组数据剔除后重新拟合，拟合参数及误差如表 3-6 所示，可见拟合精度明显提升。

表 3-6　修正后高浓度全尾砂料浆磨损回归模型拟合参数及误差

阴极保护	k	m	n	误差范围/%	平均误差/%
有	1.3333×10^{-15}	1.1202	9.2472	−7.8~5.7	4.1
无	2.9020×10^{-9}	0.6846	6.1189	−4.6~4.4	2.9

(2) 掺粗骨料的高浓度全尾砂充填料浆。由于实验样本数量的限制，无法建立涵盖浓度、流速、粗骨料含量和粗骨料粒径等因素的磨损经验模型。研究粗骨料粒径对磨损的影响时，选用的是窄粒径分布的石英砂，其结果也不能与宽粒径分布的水淬渣的相关实验结果进行组合。因此，只建立涵盖浓度、流速和粗骨料含量 3 个因素的磨损回归模型。

采用幂律模型对掺粗骨料高浓度全尾砂料浆的磨损实验结果进行拟合，式 (3-11) 中 C_c 为粗骨料含量（≤25%），拟合参数及误差如表 3-7 所示。其中误差被转换成绝对值，然后求平均值。

$$W = kv^m C_w^n C_c^p \tag{3-11}$$

表 3-7　掺粗骨料高浓度全尾砂料浆磨损回归模型拟合参数及误差

阴极保护	k	m	n	p	误差范围/%	平均误差/%
有	2.0023×10^{-70}	0.6809	38.315	−0.3235	−30.4~25.4	15.7
无	4.2092×10^{-57}	0.5199	31.481	−0.3908	−26.6~26.7	16.1

考虑到掺粗骨料全尾砂料浆浓度 84%、粗骨料 15%时屈服应力达到 265.1 Pa，流动性极差，因此将此组数据剔除后重新拟合，拟合参数及误差如表 3-8 所示，可见拟合效果明显提升。

表 3-8　修正后掺粗骨料高浓度全尾砂料浆磨损回归模型拟合参数及误差

阴极保护	k	m	n	p	误差范围/%	平均误差/%
有	1.8574×10^{-31}	0.7619	17.8692	−0.2502	−5.5~4.2	2.1
无	3.9601×10^{-24}	0.5943	14.1927	−0.3491	−20.2~8.6	6.1

由表 3-6 和表 3-8 可见，磨损速率与各因素的组合回归模型的平均误差为 3.8%。此外，高浓度充填料浆层流流速的幂律指数小于 1.2，浓度的幂律指数大于 6。这些结果与中低浓度浆体的相关结果有很大的不同。这种差异说明与中低浓度浆体紊流输送时相比，（掺粗骨料）高浓度全尾砂料浆充填管道具有独特的磨损特性。

仍采用灰关联法分析磨损速率对各因素的敏感性。对于不掺粗骨料的高浓度全尾砂料浆，有阴极保护时流速和浓度的平均关联度分别为 0.5562 和 0.6267，无阴极保护时流速和浓度的平均关联度分别为 0.5832 和 0.6407，表明高浓度全尾砂料浆的浓度对管道磨损的影响比层流流速的影响更显著。对于掺粗骨料的高浓度全尾砂料浆，有阴极保护时流速、浓度和粗骨料含量的平均关联度分别为 0.6326、0.6592 和 0.4784，无阴极保护时流速、浓度和粗骨料含量的平均关联度分别为 0.6618 和 0.6814 和 0.4904，表明掺粗骨料高浓度全尾砂料浆的浓度对管道磨损的影响比层流流速的影响更显著，粗骨料含量对管道磨损的影响小于料浆浓度和流速。

综合前述磨损速率多因素回归模型中浓度和流速的幂律指数大小以及灰关联分析结果可知，调节高浓度充填料浆的浓度比调节其流速更能有效地控制管道磨损，这同时也利于矿山大流量充填技术的实施。以往人们普遍认为充填料浆流速对管道磨损的影响最为显著，强调保证颗粒悬浮的同时采用最低流速。但本章研究表明这一观点已不适用于高浓度充填料浆。在搅拌制备能力允许的条件下，完全可以适当增大充填流量（管径相同时流速有所增大，流速小于 3 m/s）而无需担心管道被过度磨损。同时，由于高浓度充填料浆的浓度对管道磨损的影响显著，因此不宜采用太高的充填浓度，特别是应避免充填浓度超过前述的浓度临界值，这对于管道减阻和减磨都有积极意义。此外，在保证高浓度充填料浆浓度不变的前提下，适量添加粗骨料能够提高料浆的流动性，对管道减阻和减磨也有积极意义，只有粗骨料掺量超过 25%后才会导致管道的严重磨损（其原因在于，料浆总浓度不变时，粗骨料掺量越大时料浆流动性越好，粗骨料掺量太多后其在料浆中的平均自由行程增大，对管壁造成微碰撞冲蚀）。

3.4.8　管道磨损与管输沿程阻力的潜在关联

根据流变学的相关理论，高浓度充填料浆的屈服应力越大其管输沿程阻力也就越大。基于此，可根据磨损实验和流变实验的结果初步分析充填管道磨损与管输沿程阻力的潜在关联。图 3-19 中汇总了磨损速率与屈服应力的对应关系，可见并非屈服应力（管输沿程阻力）越大磨损越严重，这是因为图中包含了不掺粗骨料的高浓度全尾砂料浆和掺粗骨料高浓度全尾砂料的不同磨损类型的实验数据，屈服应力只是影响磨损的重要因素之一，料浆的物料组成是影响磨损的另一重要因素。

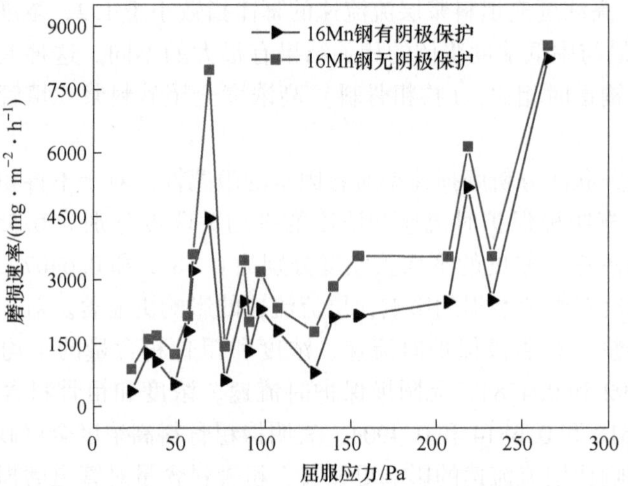

图 3-19　屈服应力对管道磨损速率的影响

当按物料类型和磨损类型分别汇总屈服应力对磨损速率的影响后，其规律性进一步显现，如图 3-20 所示。

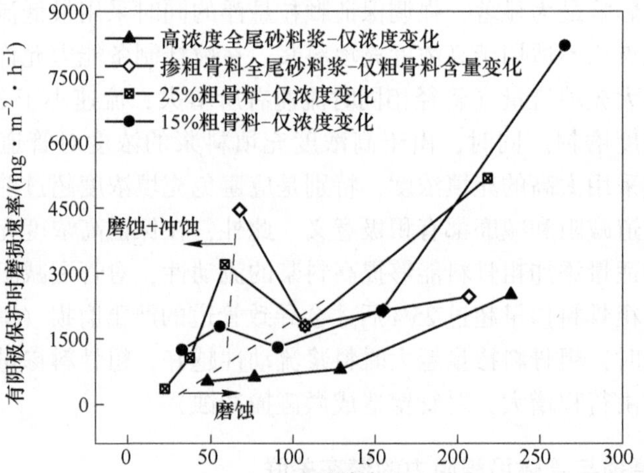

(a)

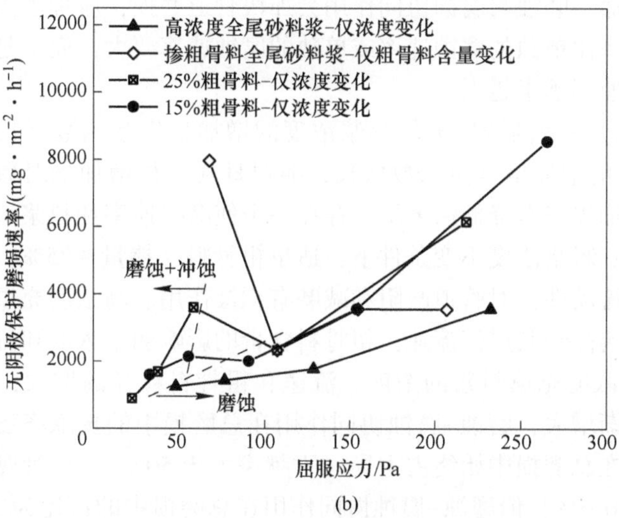

图 3-20 屈服应力对管道磨损的影响

(a) 有阴极保护；(b) 无阴极保护

由图 3-20 可知，对于掺粗骨料的高浓度全尾砂料浆，在黑色虚线左侧的磨蚀+冲蚀区域，磨损速率随屈服应力的增加而增加；在黑色虚线右侧的磨蚀区域，磨损速率随屈服应力的增加而增加。与添加粗骨料时相比，高浓度全尾砂料浆物料组成简单，屈服应力对磨损速率的影响更为明显，即在黑色虚线右侧的磨蚀区域，磨损速率随屈服应力的增加而增加。综上所述，在同种物料组成、同种磨损形式的前提条件下，高浓度充填料浆的屈服应力（管输沿程阻力）越大管道磨损就越严重。

需要指出的是，屈服应力只是表征管输沿程阻力的指标之一，其他指标还包括塑性黏度、流速和管径。因此，有必要建立一个归一化的量化模型来表征沿程阻力与磨损速率的关联，这项内容将在下一章展开研究。

3.5 本章小结

通过自制的罐式磨损实验机，以矿山常用的 16Mn 钢为管道材料，研究了磨损时间、高浓度充填料浆的浓度、流速、粗骨料含量和粗骨料粒径等因素对层流时管道磨损的影响规律。同时在罐式磨损实验机中引入简易的牺牲阳极的阴极保护系统，实现总磨损速率和纯磨蚀磨损速率的同时测定，结合第 2 章的腐蚀磨损实验结果，定量表征了纯腐蚀、纯磨蚀、磨蚀-腐蚀协同作用对总磨损的贡献率。主要得到以下结论：

(1) 磨损速率与磨损时间无关，可根据充填管道在一段时间内的壁厚变化预测其剩余寿命。磨蚀与腐蚀协同作用会加快管道磨损，应理解为两者协同作用下的总磨损速率比单独的磨蚀速率或单独的腐蚀速率要大，而不是随着磨损时间的延长总磨损速率越来越大。

（2）磨损速率随高浓度充填料浆浓度的增加呈指数函数增长，随层流流速（小于 3 m/s）的增加呈幂律函数增长，随粗骨料粒径增加呈对数函数增长，随粗骨料含量增加先缓慢降低后突增。存在一个使磨损速率和料浆流变参数均突增的浓度临界值。料浆浓度不变条件下，适量粗骨料（掺量≤25%）能够增加高浓度充填料浆的流动性，对管道减阻和减磨有积极作用。高浓度充填料浆的浓度对磨损速率的影响高于其层流流速，粗骨料含量的影响弱于浓度和流速。

（3）随高浓度充填料浆的浓度、流速和粗骨料粒径的增大，磨蚀在总磨损中的贡献率逐渐增大，磨蚀-腐蚀协同作用在总磨损中的贡献率逐渐降低。掺粗骨料时，磨蚀在总磨损中始终占主导（贡献率大于 50%）。尽管腐蚀在总磨损中的比例不超过 0.5%，但磨蚀-腐蚀协同作用在总磨损中的占比为 3.6%~59.4%，控制管道腐蚀对降低管道总磨损有重要作用。

（4）建立了（掺粗骨料）高浓度全尾砂料浆对 16Mn 钢磨损速率的组合幂律回归模型，模型平均误差为 3.8%。高浓度充填料浆层流流速的幂律指数小于 1.2，浓度的幂律指数大于 6，与中低浓度紊流浆体中得到的结果显著不同。

（5）磨损速率既与充填料浆流变参数有关也与其中的固体颗粒特性有关。对于同种高浓度充填料浆和同种磨损形式，管输沿程阻力越大管道的磨损也就越严重，有必要建立管道磨损速率与沿程阻力的定量关系。

4　基于壁面剪切应力的充填管道磨损速率预测模型

由第 2 章分析可知，理想的高浓度充填料浆属于均质悬浮体系，其中的固体颗粒对管壁的法向压力很难进行理论计算，加之固体颗粒与管壁之间还有自由水的润滑作用，进一步加大了求解颗粒与管壁摩擦力以及管道磨损速率的难度。此外，第 3 章的磨损实验是在 0.1 MPa 的大气压强条件下进行的，而真实的高浓度充填料浆输送管道压强一般为 0.5~10 MPa 量级，通过罐式磨损机得到的试样磨损速率能否推广到真实的充填管道中也还需要进行论证。

罐式磨损实验中，磨损试样的扁平形状为理论分析其表面的受力情况提供了便利，可将磨损试样视为在高浓度充填料浆（均质流体）中匀速运动的平板，进而借助平板边界层理论对试样表面的剪切应力进行计算。而充填管道内壁受到高浓度充填料浆的剪切应力可通过管道的沿程阻力进行理论计算，因此可将壁面剪切应力作为罐式磨损机中试样磨损速率和真实充填管道磨损速率的桥梁，进而建立真实充填管道磨损速率的预测模型。大气压强条件下罐式磨损机得到的试样磨损速率能否推广到真实的高压充填管道，可通过分析管道压强对高浓度充填料浆中固体颗粒受力状态的影响来进行论证。

本章将（掺粗骨料）高浓度全尾砂充填料浆概化为均质流体而忽略其颗粒特性，将罐式磨损机中的试样夹持臂视为在料浆中匀速运动的平板，磨损试样为该运动平板的一部分。首先，基于传统牛顿流体中平板边界层理论，引入屈服应力建立（掺粗骨料）高浓度全尾砂充填料浆这类宾厄姆流体中运动平板的积分动量方程，得到罐式磨损机中磨损试样表面在料浆不同流速和流变参数条件下受到的剪切应力。其次，通过壁面滑移理论修正经典 Buckingham 管道沿程阻力公式以克服其预测值显著偏大的缺陷，在此基础上更精确地求解管道内壁受到高浓度充填料浆的剪切应力，基于壁面剪切应力和罐式磨损实验结果建立正常充填时管道的磨损预测模型。再次，分析管道压强对管道机械磨损、腐蚀磨损和总磨损的影响，进一步论证采用罐式磨损实验结果预测真实充填管道磨损的可行性。最后，建立考虑正常充填磨损、洗管磨损和洗管水腐蚀的充填管道总磨损速率预测模型。

4.1 磨损试样壁面剪切应力计算模型

4.1.1 边界层理论简介

边界层的概念由普朗特（Prandtl）于 1904 年首次提出[180]。当不可压缩流体以自由流速 v 稳定地流过固体表面时，靠近固体表面的流体会受到显著的阻滞。流体在固体表面处的速度为零，随着与固体表面的距离逐渐增大，流体存在一个速度剖面 v_x，此时流体可分为两个区域：（1）靠近固体表面的边界层，在该边界层中流体被阻滞并且存在速度梯度，其中剪切应力显著。（2）边界层外的流体全部以自由流速 v 流动。边界层厚度 δ 通常被定义为流体速度 v_x 达到 $0.99v$ 处距固体表面的垂直距离。

如图 4-1 所示，在距离固体表面前缘 x 处，x 方向速度 v_x 在表面处从零逐渐增加，逐渐接近自由流速度 v。在前缘（$x=0$，$y=0$），流体在极小的时间内受到固体表面施加的阻滞力，因此有效边界层厚度为零。当流体在固体表面上流动时受阻滞的时间延长，延迟效应将在更大的深度影响流体，因此边界层厚度 δ 增加。

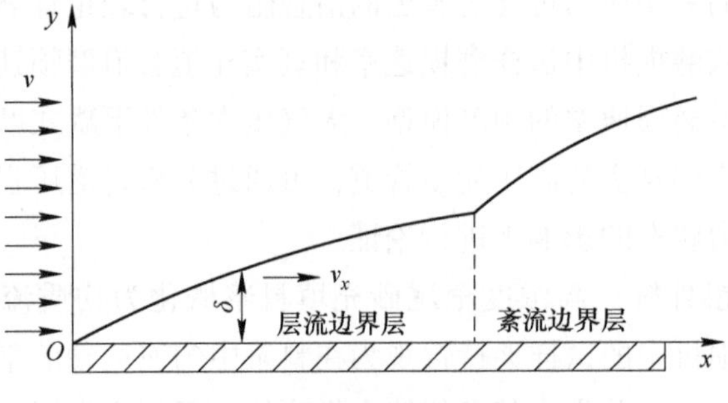

图 4-1 边界层发展示意图

随着边界层厚度增加，表面速度梯度 $\dot{\gamma} = \left.\dfrac{dv_x}{dy}\right|_{y=0}$ 减小。在固体表面前缘附近，边界层厚度较小，流动呈层流；当边界层厚度超过一个临界值时，边界层内的流动变为紊流。由于边界层厚度 δ 是 x 的函数，因此层流边界层和紊流边界层的转换点 x 可通过雷诺数 $Re_x = \dfrac{\rho v_0 x}{\eta}$ 来进行判定。

4.1.2 磨损试样表面剪切应力分析

由第 3 章的磨损试样夹持臂形状和其与（掺粗骨料）高浓度全尾砂充填料浆

的相对运动形式可知，试样夹持臂可视为在料浆中运动的一块平板，而磨损试样是该运动平板的一部分。因此，可基于平板边界层的相关理论来求解磨损试样表面受到（掺粗骨料）高浓度全尾砂充填料浆的剪切应力。

由于平板运动、流体静止与流体运动、平板静止两种情况具有等效性，因此可基于密度为 ρ_m 的料浆在静止的平板上的稳定流动来进行分析。远离平板表面时，料浆的流动速度为 v，靠近平板表面的料浆形成厚度为 δ 的边界层，平板宽度为 W（z 方向），如图 4-2 所示。

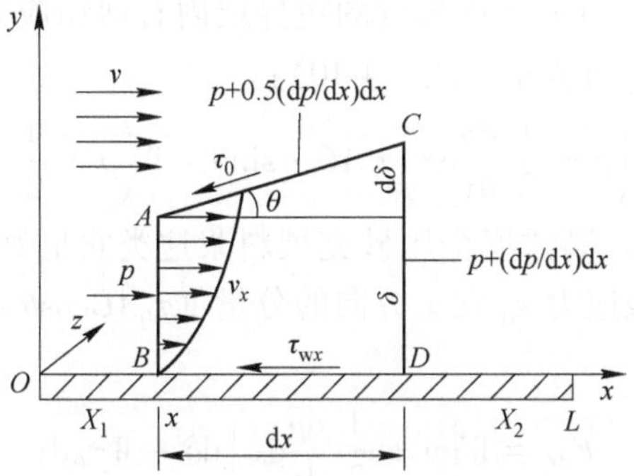

图 4-2 高浓度充填料浆沿平板表面流动的控制体

如图 4-2 所示，以 AB、CD、AC 和 BD 平面为界的控制体保持平衡。由于流动是单向的（沿 x 方向），因此垂直于平板表面的料浆速度分量可忽略不计，则通过 AB 面流入控制体的料浆质量为：

$$m_{AB} = W \cdot \int_0^\delta \rho_m v_x \mathrm{d}y \tag{4-1}$$

通过 CD 面流出控制体的料浆质量为：

$$m_{CD} = W \cdot \left[\int_0^\delta \rho_m v_x \mathrm{d}y + \frac{\mathrm{d}}{\mathrm{d}x}\left(\int_0^\delta \rho_m v_x \mathrm{d}y\right)\mathrm{d}x\right] \tag{4-2}$$

通过 AC 面流入控制体的料浆质量为：

$$m_{AC} = m_{CD} - m_{AB} = W \cdot \left[\frac{\mathrm{d}}{\mathrm{d}x}\left(\int_0^\delta \rho_m v_x \mathrm{d}y\right)\mathrm{d}x\right] \tag{4-3}$$

根据动量定理可得料浆在 AB、CD 和 AC 面的动量分别为：

$$K_{AB} = W \cdot \left(\int_0^\delta \rho_m v_x \mathrm{d}y\right) \cdot v_x \tag{4-4}$$

$$K_{CD} = W \cdot \left[\int_0^\delta \rho_m v_x \mathrm{d}y + \frac{\mathrm{d}}{\mathrm{d}x}\left(\int_0^\delta \rho_m v_x \mathrm{d}y\right)\mathrm{d}x\right] \cdot v_x \tag{4-5}$$

$$K_{AC} = W \cdot \left[\frac{\mathrm{d}}{\mathrm{d}x}\left(\int_0^{\delta}\rho_{\mathrm{m}} v_x \mathrm{d}y\right) \mathrm{d}x\right] \cdot v \tag{4-6}$$

AB、BD 和 CD 面在 x 方向受到的力分别为：

$$F_{AB} = Wp\delta \tag{4-7}$$

$$F_{BD} = - W\tau_{\mathrm{wx}} \mathrm{d}x \tag{4-8}$$

$$F_{CD} = - W\left(p + \frac{\mathrm{d}p}{\mathrm{d}x}\mathrm{d}x\right)(\delta + \mathrm{d}\delta) \tag{4-9}$$

对于牛顿流体，仅在有速度梯度的边界层内有剪切应力，而边界斜面 AC 上无剪切应力，因此 F_{AC} 可表示为式（4-10）：

$$F_{AC} = W\left(p + \frac{1}{2}\frac{\mathrm{d}p}{\mathrm{d}x}\mathrm{d}x\right) \cdot AC \cdot \sin\theta = W\left(p + \frac{1}{2}\frac{\mathrm{d}p}{\mathrm{d}x}\mathrm{d}x\right)\mathrm{d}\delta \tag{4-10}$$

对于（掺粗骨料）高浓度全尾砂充填料浆这类宾厄姆流体，还需考虑边界斜面 AC 上料浆的屈服应力 τ_0 在 x 方向的分量 $W\tau_0 AC\cos\theta = W\tau_0 \mathrm{d}x$，因此 F_{AC} 需修正为式（4-11）：

$$F_{AC} = W\left(p + \frac{1}{2}\frac{\mathrm{d}p}{\mathrm{d}x}\mathrm{d}x\right)\mathrm{d}\delta - W\tau_0 \mathrm{d}x \tag{4-11}$$

控制体中料浆在 x 方向上的动量变化等于控制体所受合力，据此可建立如式（4-12）所示的平衡方程：

$$K_{CD} - K_{AB} - K_{AC} = F_{AB} + F_{BD} + F_{CD} + F_{AC} \tag{4-12}$$

式（4-12）中包含 $\mathrm{d}x \cdot \mathrm{d}\delta$ 的高阶小量可略去。由于边界层 AC 边界上速度恒为 v，因此 AC 边界上压强为常数；边界层内部压强不随 y 方向发生变化，即边界层内外压强相等，进而可得 $\frac{\mathrm{d}p}{\mathrm{d}x}=0$。将式（4-12）进行整理后得式（4-13）：

$$\frac{\mathrm{d}}{\mathrm{d}x}\left(\int_0^{\delta}\rho_{\mathrm{m}} v_x^2 \mathrm{d}y\right) - \frac{\mathrm{d}}{\mathrm{d}x}\left(\int_0^{\delta}\rho_{\mathrm{m}} v v_x \mathrm{d}y\right) = - \tau_{\mathrm{wx}} - \tau_0 \tag{4-13}$$

式（4-13）即为（掺粗骨料）高浓度全尾砂充填料浆这类宾厄姆流体沿平板流动的积分动量方程，其与经典的牛顿流体的积分动量方程相比增加了料浆屈服应力项 τ_0。为了对式（4-13）进行积分，需要知道边界层内料浆速度分布 v_x 与 y 之间的关系。边界层相关研究中通常认为 v_x 服从多项式分布，一般采用三次多项式即具有很高的精度：

$$v_x = a + by + cy^2 + dy^3 \tag{4-14}$$

根据边界条件 $v_x|_{y=0}=0$、$v_x|_{y=\delta}=v_0$、$\left.\frac{\mathrm{d}v_x}{\mathrm{d}y}\right|_{y=\delta}=0$ 和 $\left.\frac{\mathrm{d}^2 v_x}{\mathrm{d}y^2}\right|_{y=0}=0$，分别求得待定系数 $a=0$、$b=\frac{3v}{2\delta}$、$c=0$ 和 $d=-\frac{v}{2\delta^3}$。将各系数代入式（4-14）后可得边界

层内料浆的速度分布 v_x：

$$v_x = \frac{3v}{2}\frac{y}{\delta} - \frac{v}{2}\frac{y^3}{\delta^3} \tag{4-15}$$

将式（4-15）代入式（4-13）并积分，得到如下结果：

$$\frac{\mathrm{d}}{\mathrm{d}x}\left(\int_0^{\delta}\rho_{\mathrm{m}} v_x^2 \mathrm{d}y\right) - \frac{\mathrm{d}}{\mathrm{d}x}\left(\int_0^{\delta}\rho_{\mathrm{m}} v v_x \mathrm{d}y\right) = -\frac{39}{280}\rho_{\mathrm{m}} v^2 \frac{\mathrm{d}\delta}{\mathrm{d}x} \tag{4-16}$$

平板壁面附近的剪切速率 $\dot{\gamma} = \left.\frac{\mathrm{d}v_x}{\mathrm{d}y}\right|_{y=0} = \frac{3v}{2\delta}$，结合宾厄姆流体的剪切应力与剪切速率的关系式，平板壁面受到料浆的剪切应力 $\tau_{\mathrm{w}x}$ 可表示为：

$$\tau_{\mathrm{w}x} = \tau_0 + \eta\frac{3v}{2\delta} \tag{4-17}$$

由式（4-17）可知，只要知悉边界层厚度 δ 与 x 的关系式即可对 $\tau_{\mathrm{w}x}$ 积分得到平板壁面受到料浆的平均剪切应力 τ_{w}。

联立式（4-16）和式（4-17）可得到式（4-18）：

$$39\rho_{\mathrm{m}} v^2 \frac{\mathrm{d}\delta}{\mathrm{d}x} - \frac{420\eta v}{\delta} - 560\tau_0 = 0 \tag{4-18}$$

对式（4-18）进行求解，得到边界层厚度 δ 与 x 的关系式：

$$\delta = \frac{1120\tau_0 + \sqrt{1254400\tau_0^2 + 294840\rho_{\mathrm{m}}\eta v^3}}{117\rho_{\mathrm{m}} v^2} \cdot x^{0.5} \tag{4-19}$$

将式（4-19）代入式（4-17）并进行积分。由于磨损试样位于夹持臂的中央，因此将积分上下限改为试样在夹持臂中的实际位置范围 $X_1 \sim X_2$，即可求得磨损试样表面受到（掺粗骨料）高浓度全尾砂充填料浆的剪切应力 τ_{w}。

$$\tau_{\mathrm{w}} = \frac{1}{X_2 - X_1}\left(\tau_0(X_2 - X_1) + \frac{351\rho_{\mathrm{m}}\eta v^3(X_2^{0.5} - X_1^{0.5})}{1120\tau_0 + \sqrt{1254400\tau_0^2 + 294840\rho_{\mathrm{m}}\eta v^3}}\right) \tag{4-20}$$

由式（4-20）可知，磨损试样尺寸固定时其壁面受到的剪切应力与料浆流速、屈服应力、塑性黏度和密度有关，而屈服应力、塑性黏度和密度等参数又与料浆浓度和粗骨料含量有关。因此，建立的磨损试样壁面剪切应力模型考虑了料浆浓度、粗骨料含量和流速等因素对磨损试样壁面剪切应力的影响。

4.1.3　磨损试样表面剪切应力与磨损速率关系

采用式（4-20）对第 3 章磨损实验中不同浓度、流速和粗骨料含量时磨损试样表面剪切应力进行计算，然后定量分析剪切应力与磨损速率的关系。

由于边界层理论求解磨损试样表面的剪切应力是将（掺粗骨料）高浓度全

尾砂充填料浆概化为流体而忽略了其中的固体颗粒，因此计算时舍去了第 3 章磨损实验中部分屈服应力太大的数据，比如全尾砂料浆浓度 82%时屈服应力达到 232.6 Pa，掺粗骨料全尾砂料浆浓度 84%时屈服应力达到 218.4 Pa（25%粗骨料）~265.1 Pa（15%粗骨料），因为此时料浆流动性很差，不符合边界层理论的流体假设。

对于不掺粗骨料的高浓度全尾砂充填料浆，试样磨损速率与壁面剪切应力的关系如图 4-3 所示，其中屈服应力范围为 47.9~132.5 Pa，对应于图 3-20 中黑色虚线右侧的磨蚀实验数据。

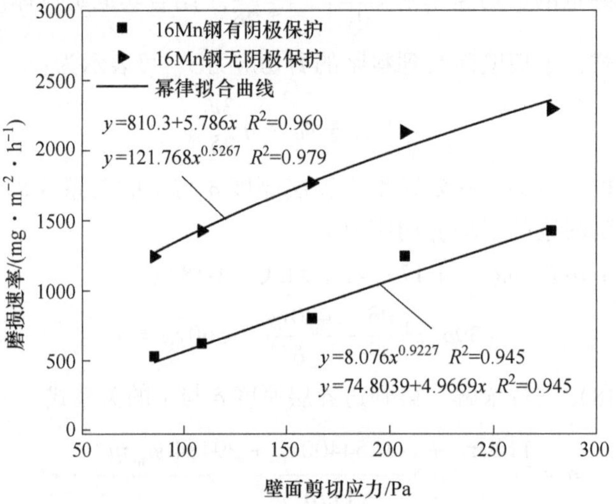

图 4-3　高浓度全尾砂料浆磨蚀时试样磨损速率与壁面剪切应力

由图 4-3 可知，高浓度全尾砂充填料浆磨蚀时试样磨损速率随壁面剪切应力的增大而增大，且总磨损速率更符合幂律函数增长，拟合优度 R^2 为 0.979，总磨损速率 W_{tqws} 与壁面剪切应力的关系如下：

$$W_{tqws} = 121.768\tau_w^{0.5267} \tag{4-21}$$

对于掺水淬渣的高浓度全尾砂充填料浆，全部为磨蚀时，试样磨损速率与壁面剪切应力的关系如图 4-4 所示，其中屈服应力范围为 90.7~154.1 Pa，对应于图 3-20 中黑色虚线右侧的磨蚀实验数据。

由图 4-4 可知，掺水淬渣高浓度全尾砂料浆磨蚀时试样磨损速率随壁面剪切应力的增大而增大，且总磨损速率更符合幂律函数增长，拟合优度 R^2 为 0.955，总磨损速率 W_{tscz} 与壁面剪切应力的关系如下：

$$W_{tscz} = 142.7996\tau_w^{0.5432} \tag{4-22}$$

对于掺水淬渣的高浓度全尾砂料浆，冲蚀与磨蚀同时存在时，试样磨损速率与壁面剪切应力的关系如图 4-5 所示，其中屈服应力范围为 22.5~67.4 Pa，对应于图 3-20 中黑色虚线左侧的磨蚀+冲蚀实验数据。

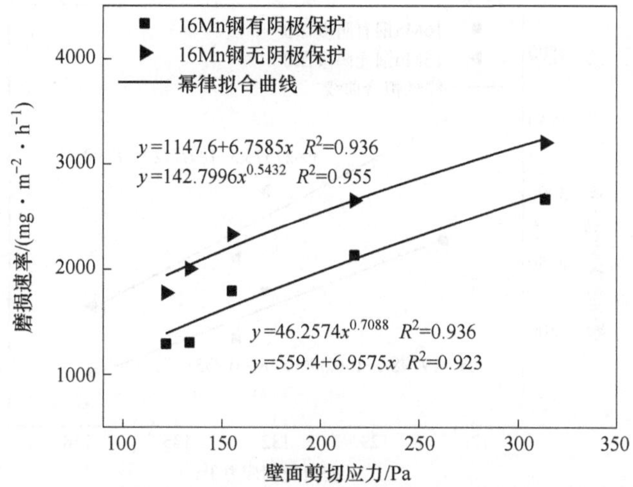

图 4-4 掺水淬渣高浓度全尾砂料浆磨蚀时试样磨损速率与壁面剪切应力

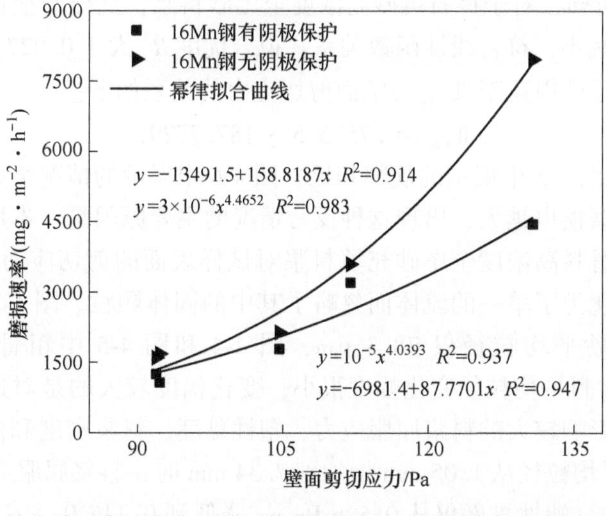

图 4-5 掺水淬渣高浓度全尾砂料浆磨蚀+冲蚀时试样磨损速率与剪切应力

由图 4-5 可知，掺水淬渣高浓度全尾砂料浆磨蚀和冲蚀同时存在时试样磨损速率随壁面剪切应力的增大而增大，且总磨损速率更符合幂律函数增长，拟合优度 R^2 为 0.983，总磨损速率 W_{tscz} 与壁面剪切应力的关系如下：

$$W_{tscz} = 3 \times 10^{-6} \tau_w^{4.4652} \tag{4-23}$$

对于掺石英砂高浓度全尾砂料浆，石英砂平均粒径从 1.05 mm 增加到 7.34 mm 时，试样磨损速率与壁面剪切应力的关系如图 4-6 所示，其中屈服应力范围为 86.9~93.8 Pa。

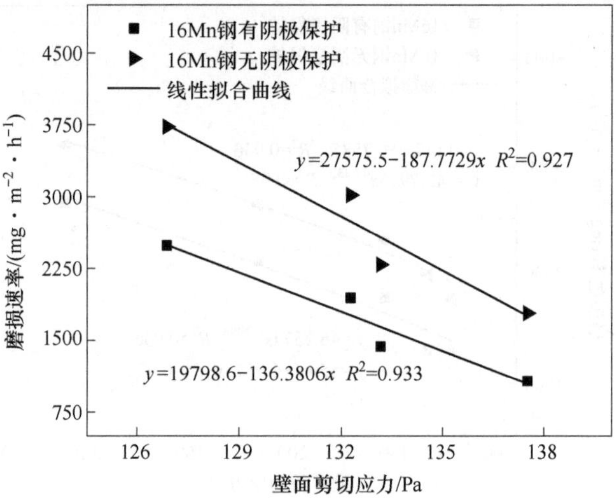

图 4-6　掺石英砂高浓度全尾砂料浆试样磨损速率与壁面剪切应力

由图 4-6 可知，对于掺石英砂高浓度全尾砂料浆，试样磨损速率随壁面剪切应力的增大而减小，符合线性函数关系，拟合优度 R^2 大于 0. 927，掺石英砂高浓度全尾砂料浆总磨损速率 W_{tsys} 与壁面剪切应力的关系如下：

$$W_{tsys} = 27575.5 - 187.7729\tau_w \tag{4-24}$$

与图 4-3～图 4-5 中展示的规律相比，图 4-6 中展示的情况恰好相反，即并非剪切应力越大磨损也越大，出现这种反常情况的主要原因是：本质上平板边界层理论计算掺粗骨料高浓度全尾砂充填料浆对试样表面的剪切应力时是将这种固-液两相体系概化为了单一的流体而忽略了其中的固体颗粒。图 4-3 中为高浓度全尾砂料浆，尾砂平均粒径仅 78. 3 μm，图 4-4 和图 4-5 中粗骨料平均粒径仅 1. 47 mm，且骨料平均粒径变化幅度很小，变化幅度较大的是对边界层理论计算壁面剪切应力影响较大的料浆屈服应力、塑性黏度、料浆密度和流速等参数。图 4-6 中石英砂平均粒径从 1. 05 mm 增加到 7. 34 mm 时，料浆屈服应力仅从93. 8 Pa 降低到 86. 9 Pa，塑性黏度仅从 0. 526 Pa · s 降低到 0. 446 Pa · s，而料浆密度和流速等参数不变，计算得到的壁面剪切应力最大变化范围为 126. 9～137. 5 Pa，但磨损速率最大变化范围为 1782～3728. 1 mg/(m^2 · h)。换言之，此时磨损速率大幅度变化的主导因素是粗骨料粒径大幅变化导致的料浆颗粒流特性变化，而非料浆流变参数变化主导的流体特性的变化。因此，对于图 4-6 中粗骨料平均粒径变化范围很大这种情况，将掺粗骨料高浓度全尾砂充填料浆这种固-液两相体系概化为单一的流体而忽略其中的固体颗粒，采用平板边界层理论分析可能失效。从工程实际来看，粗骨料平均粒径大幅变化一般出现在级配优化时，可在级配优化完成后再采用本书方法进行磨损实验并利用边界层理论求解试样表面剪切应力。

总体上，前述建立的通过壁面剪切应力预测磨损速率的式（4-21）~式（4-24）均是唯象预测模型，本质上是对特定材料制备的料浆在一定的工况范围（浓度、流速和粗骨料含量）内实验结果的回归拟合，采用这类模型进行预测时必须确保所用料浆制备材料和工况范围符合模型建立背景。这也是不掺水淬渣高浓度全尾砂料浆磨蚀、掺水淬渣高浓度全尾砂料浆磨蚀、掺水淬渣高浓度全尾砂料浆同时存在磨蚀和冲蚀时分别建立了一个磨损速率预测关系的原因。

4.2 充填管道内壁剪切应力计算模型

当磨损实验和实际充填时高浓度充填料浆制备材料和工况范围相同时，只要知道充填管道内壁的剪切应力，理论上就可以根据式（4-21）~式（4-23）对相应的正常充填时管道磨损速率进行预测。

高浓度充填料浆因其高屈服应力特性，在管道内一般视为柱塞流[181]，如图 4-7 所示，料浆在管道中流动时分为中心的柱塞流区和靠近管壁的剪切流区。

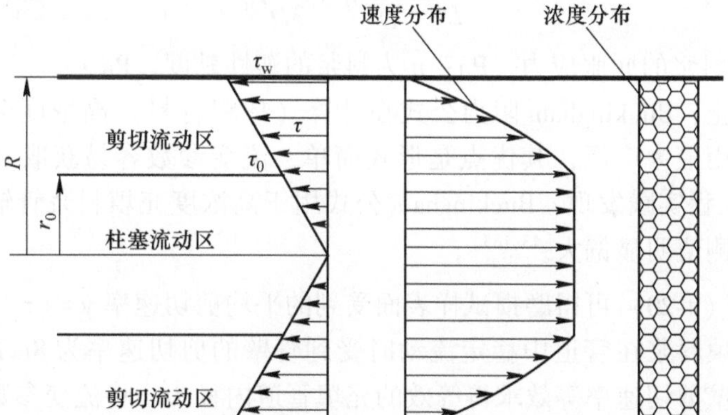

图 4-7 高浓度充填料浆均质层流柱塞模型

根据静力平衡，管壁对料浆的剪切应力可表示为[159]：

$$\tau_w = \frac{\Delta p}{L} \times \frac{D}{4} \tag{4-25}$$

式中，$\frac{\Delta p}{L}$为沿程阻力，即单位长度的管道对料浆的摩擦阻力，Pa/m。因此，求解充填管道内壁的剪切应力 τ_w 转换为求解沿程阻力$\frac{\Delta p}{L}$。同时，由式（4-25）可知，基于壁面剪切应力来预测正常充填时管道磨损速率已经将管道直径的影响纳入考虑。

4.2.1　常见均质流沿程阻力公式

常见的针对宾汉塑性流体在管道中进行层流输送的阻力计算公式有 Buckingham 公式、Swamee-Aggarwal 公式和 Darby-Melson 公式。

4.2.1.1　Buckingham 阻力公式

宾汉流体在管道中稳定流动时管壁剪切应力和剪切速率关系可用简化 Buckingham 方程描述[182]。

$$\tau_w = \frac{4}{3}\tau_0 + \frac{8v}{D}\eta \tag{4-26}$$

式中，τ_w 为流体在管壁处所受的剪切应力，Pa；D 为管道内径，m；v 为流体在管道中的平均流速，m/s；$\frac{8v}{D}$为流体在管壁处所受的剪切速率，s^{-1}。

联合式（4-25）和式（4-26）可得料浆在管道中流动时的 Buckingham 阻力计算公式：

$$\frac{\Delta p}{L} = \frac{32v}{D^2}\eta + \frac{16}{3D}\tau_0 \tag{4-27}$$

式中，τ_0 为料浆的屈服应力，Pa；η 为料浆的塑性黏度，Pa · s 。

迄今为止，Buckingham 阻力公式在计算（掺粗骨料）高浓度全尾砂料浆管输阻力时应用最为广泛，其优点是形式简单，流变参数容易获取（桨式流变仪等）。但是工程实践发现，Buckingham 公式用于高浓度充填料浆管输阻力计算时预测值比实测值明显偏大[43,183]。

根据式（4-20）可得磨损试样表面受到的平均剪切速率$\bar{\gamma} = (\tau_w - \tau_0)/\eta$，已知高浓度充填料浆在管道中稳定流动时受到管壁的剪切速率为 $8v/D$，因此可基于平板和管壁剪切速率等效求得等效的充填管道内径 D。将流变参数、管径和流速等相关参数代入式（4-27）可得沿程阻力，进而通过式（4-25）得到管壁处的剪切应力。相同剪切速率条件下，通过 Buckingham 阻力公式计算得到的壁面剪切应力比通过平板边界层理论计算得到的壁面剪切应力偏大 11.4%～29.4%，平均偏大 20.1%。这也说明 Buckingham 阻力公式计算值偏大。

4.2.1.2　Swamee-Aggarwal 阻力公式

根据 Darcy-Weisbach 方程[184]，管道流动的压降可表示为：

$$\frac{\Delta p}{L} = f\frac{\rho_m v^2}{2D} \tag{4-28}$$

式中，f 为无量纲的达西摩阻系数；ρ_m 为料浆密度，kg/m^3。

Swamee 和 Aggarwal[185] 提出了宾汉塑性流体的摩擦阻力系数，一些学者[186-187] 认为它用于预测高浓度充填料浆在管道流动中的压降具有较高的准确性。

$$f=\frac{64}{Re}+\frac{10.67+0.1414\left(\frac{He}{Re}\right)^{1.143}}{\left(1+0.0149\left(\frac{He}{Re}\right)^{1.16}\right)Re}\frac{He}{Re} \tag{4-29}$$

$$Re=\frac{\rho_m vD}{\eta} \tag{4-30}$$

$$He=\frac{\rho_m D^2\tau_0}{\eta^2} \tag{4-31}$$

计算发现，Swamee-Aggarwal 阻力公式的预测结果全部小于 Buckingham 阻力公式的预测结果，但两者非常接近，偏差范围为-5.5%~-0.1%，平均偏差为1.7%（偏差全部被转换为绝对值后再平均）。

联合求解式（4-28）~式（4-31）可得下列方程：

$$\frac{\Delta p}{L}=\frac{32v}{D^2}\eta+\frac{10.67\tau_0}{2D}\xi \tag{4-32}$$

$$\xi=\frac{1+0.0133\left(\frac{D\tau_0}{\eta v}\right)^{1.143}}{1+0.0149\left(\frac{D\tau_0}{\eta v}\right)^{1.16}} \tag{4-33}$$

系数 ξ 近似等于 1。由于 10.67 除以 2 等于 5.335，16 除以 3 等于 5.333（Buckingham 阻力公式中），因此 Swamee-Aggarwal 阻力公式近似于 Buckingham 阻力公式。有理由认为 Swamee-Aggarwal 阻力公式和 Buckingham 阻力公式的内在推导机制相同，只是采用了不同的数学处理方法以得到显式表达式。但是从形式上看，Buckingham 阻力公式比 Swamee-Aggarwal 阻力公式要简单得多。

4.2.1.3 Darby-Melson 阻力公式

Darby-Melson 通过修正宾汉雷诺数，提出了 Fanning 摩擦阻力系数（达西摩擦阻力系数的 1/4），用达西摩擦阻力系数的形式可表示为[187]：

$$f=\frac{64}{Re_{mod}} \tag{4-34}$$

$$Re_{mod}=\frac{6Re^2}{6Re+He} \tag{4-35}$$

计算发现，Darby-Melson 阻力公式和 Buckingham 阻力公式有完全相同的预测结果，这并非巧合。通过联合求解式（4-28）、式（4-30）、式（4-31）、式（4-34）和式（4-35），发现 Darby-Melson 阻力公式可以转化为与 Buckingham 公式完全相同的形式，所以这两个阻力公式的预测结果是完全一致的。但是从形式上看，Buckingham 阻力公式比 Darby-Melson 阻力公式要简单得多。

综合以上分析，Buckingham 阻力公式、Swamee-Aggarwal 阻力公式和 Darby-Melson 阻力公式实际上是同一公式的不同表达形式，从形式上看 Buckingham 阻力公式比后两个公式要简单得多。但是，这三个公式都存在预测值比实测值显著偏大的问题。

4.2.2 壁面滑移修正的 Buckingham 阻力公式

4.2.2.1　管输壁面滑移机制

壁面滑移并非一个新鲜的概念，最早由 Mooney[188]在毛细管实验中发现并提出，距今已超过 90 年。关于壁面滑移的形成机制，目前认可度较高的一种说法是[189]：高浓度的非牛顿流体在管道中流动时，管壁处的剪切应力高于其他地方，导致颗粒不能有效占据管壁处的空间，进而在管壁处形成一个稀薄的滑移层。Kalyon[190]通过扫描电镜和荧光分析证实了壁面滑移效应的存在，在他的实验中滑移层的厚度为 2～30 μm。Chen[191]通过实验证实壁面滑移效应有助于降低管道输送阻力。

高浓度全尾砂料浆作为一种典型的高浓度非牛顿流体，在管道输送过程中也存在壁面滑移现象。实质上，壁面滑移的产生与颗粒的剪切诱导迁移[179,192]密切相关，粗颗粒在管道中的剪切诱导迁移可用图 4-8 表示。

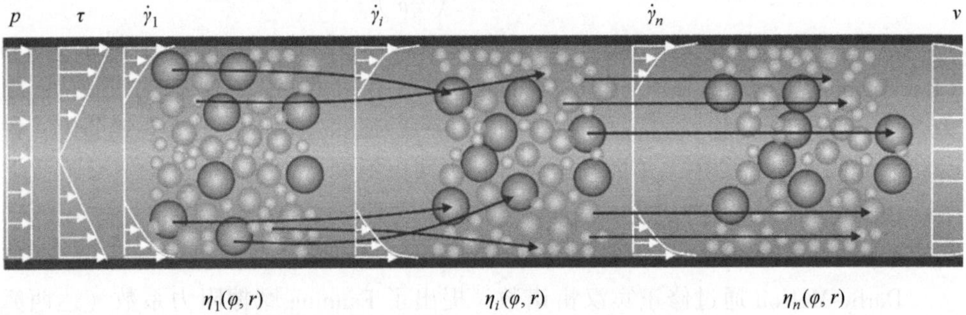

图 4-8　粗颗粒在管道内剪切诱导迁移示意图[193]

由于剪切应力在管道截面上的非均匀分布，不同大小的力作用在不同的颗粒表面上。合力除了引起颗粒沿管道的瞬态位移外，还引起颗粒的径向位移。较大的颗粒以较低的剪切速率向管道中心移动，水和较细的颗粒向管道壁面移动以填充管道空间，如图 4-8 中的箭头方向。颗粒的非均匀分布导致径向上的局部黏度 $\eta_i(\varphi,\ r)$ 不同。从壁面到中心线的局部黏度的增加阻碍了颗粒迁移，并最终在临界变形后导致平衡和稳定状态 $\eta_n(\varphi,\ r)$。

通过简单的剪切实验即可直观展示粗骨料在高浓度全尾砂料浆中受剪切诱导迁移的情况，如图 4-9 所示。

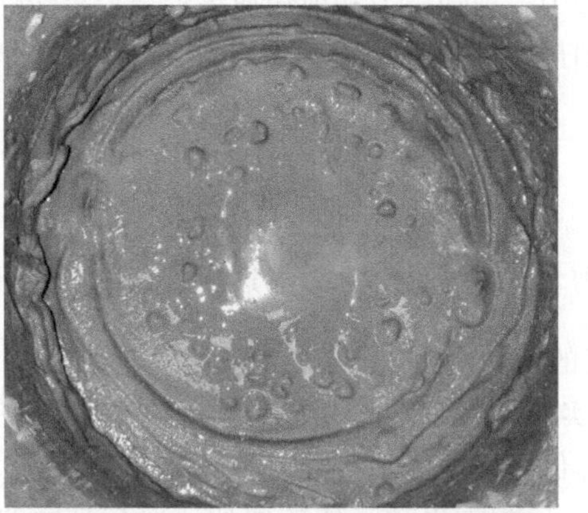

图 4-9 高浓度全尾砂料浆中粗骨料受剪切后向料浆罐中心迁移

如图 4-9 所示为采用罐式磨损实验机进行磨损实验时观察到的料浆图像，旋转的试样夹持臂在料浆中留下清晰的剪切面，实验前在高浓度全尾砂料浆中均匀分布的粗骨料明显地向料浆罐中心迁移，即剪切面附近的粗骨料受剪切作用后远离剪切面。图 4-9 直接证明了高浓度全尾砂料浆中的粗骨料存在剪切诱导迁移效应，间接证明掺粗骨料高浓度全尾砂料浆管输过程中也存在壁面滑移现象。

4.2.2.2 Buckingham 阻力公式的修正

一些学者[43,167,194]已对（掺粗骨料）高浓度全尾砂料浆的壁面滑移现象进行了系统的研究并提出考虑滑移效应的管输阻力模型。考虑到 Buckingham 阻力公式的预测值比实测阻力显著偏大的主要原因是其没有考虑壁面滑移的减阻作用，如果能够引入壁面滑移理论对形式简单、参数易得的 Buckingham 阻力公式进行修正，将极大降低工程上计算高浓度充填料浆管输阻力的复杂程度。

将（掺粗骨料）高浓度全尾砂料浆在管道内流动时视为均质柱塞流，料浆在管道内流动时分为滑移流区和主流区，主流区由剪切流区和柱塞流区组成，如图 4-10 所示。

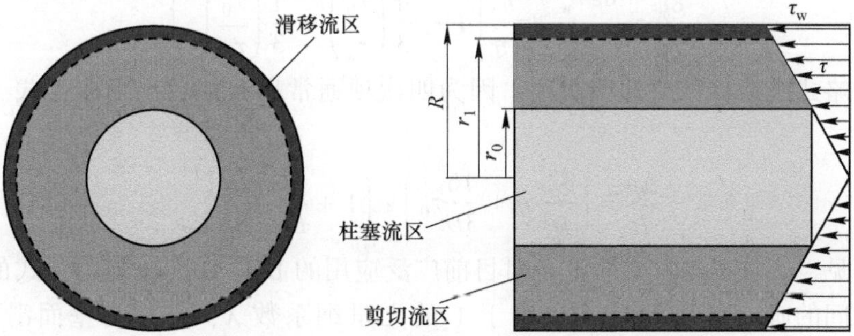

图 4-10 高浓度充填料浆在管道中的柱塞-滑移流动模型

在柱塞流动模型中，剪切应力和剪切速率沿半径呈线性分布，在管道中心处为零，在管壁处达到最大。管道中的总剪切速率由两部分组成[195]：

$$\frac{8v}{D} = \frac{8v_{\mathrm{slip}}}{D} + \frac{4}{\tau_{\mathrm{w}}^3}\int_0^{\tau_{\mathrm{w}}} \tau^2 f(\tau)\,\mathrm{d}\tau \tag{4-36}$$

式中，$\frac{8v_{\mathrm{slip}}}{D}$ 为滑移剪切速率；v_{slip} 为滑移速度；$\frac{4}{\tau_{\mathrm{w}}^3}\int_0^{\tau_{\mathrm{w}}} \tau^2 f(\tau)\,\mathrm{d}\tau$ 为主流区的剪切速率；τ 为剪切流动区的剪切应力。

Lyu[196]在环管实验中发现高浓度料浆与管壁之间存在一薄层水膜。因此，可以认为滑移层是由低黏度的清水（牛顿流体）组成[197]，滑移层黏度 μ_{slip} 可取清水黏度 0.001 Pa · s。根据牛顿流体的剪切速率与黏度的关系，可将滑移速度 v_{slip} 表示为：

$$\frac{\mathrm{d}v_{\mathrm{slip}}}{\mathrm{d}r} = -\frac{\tau}{\mu_{\mathrm{slip}}} = -\frac{r}{2}\frac{\Delta p}{L}\frac{1}{\mu_{\mathrm{slip}}} \tag{4-37}$$

积分后的结果为：

$$v_{\mathrm{slip}} = \frac{\Delta p}{4L}\left(\frac{R^2 - r_1^2}{\mu_{\mathrm{slip}}}\right) \tag{4-38}$$

滑移层厚度 $\varepsilon = R - r_1$，由于 ε 远小于管道半径，因此有 $\varepsilon^2 \to 0$，滑移速度 v_{slip} 可表示为：

$$v_{\mathrm{slip}} = \frac{\Delta p}{L}\frac{R\varepsilon}{2\mu_{\mathrm{slip}}} \tag{4-39}$$

或者表达为[157,198]：

$$v_{\mathrm{slip}} = \frac{\varepsilon\tau_{\mathrm{w}}}{\mu_{\mathrm{slip}}} \tag{4-40}$$

对于宾厄姆流体，$f(\tau) = \frac{\tau - \tau_0}{\eta}$。通过积分，将式（4-36）转化为式（4-41）：

$$\frac{8v}{D} = \frac{8\varepsilon\tau_{\mathrm{w}}}{D\mu_{\mathrm{slip}}} + \frac{\tau_{\mathrm{w}}}{\eta}\left[1 - \frac{4}{3}\left(\frac{\tau_0}{\tau_{\mathrm{w}}}\right) + \frac{1}{3}\left(\frac{\tau_0}{\tau_{\mathrm{w}}}\right)^4\right] \tag{4-41}$$

忽略式（4-41）中的四次项，因为四次项通常比其他项小得多，式（4-41）变成：

$$\frac{\Delta p}{L} = \left(\frac{32v}{D^2}\eta + \frac{16}{3D}\tau_0\right) \cdot \left(1 + \frac{8\varepsilon\eta}{D\mu_{\mathrm{slip}}}\right)^{-1} \tag{4-42}$$

可见，式（4-42）实质上是对目前广泛应用的 Buckingham 阻力公式的修正，两者之间的唯一区别就是一个小于 1 的无量纲系数 λ，可称为壁面滑移修正系数。

$$\lambda = \left(1 + \frac{8\varepsilon\eta}{D\mu_{\text{slip}}}\right)^{-1} \tag{4-43}$$

一些学者通过大量的实验研究建立了计算滑移层厚度的理论公式[189-190]，如式（4-44）所示。

$$\frac{\varepsilon}{d_{\text{p}}} = 1 - \frac{\varphi}{\varphi_{\max}} \tag{4-44}$$

式中，d_{p} 为颗粒的平均粒径，m；φ 为浆体的体积分数,%；$\varphi_{\max}$ 为浆体的极限体积分数,%。体积分数与极限体积分数的比值代表了浆体被颗粒填充的程度，简称填充度。根据文献［190］，式（4-44）的适用范围是填充度 0.2~1。

$$\varphi = \frac{C_{\text{w}}}{\gamma - C_{\text{w}}(\gamma - 1)} \tag{4-45}$$

式中，C_{w} 为浆体的浓度,%；γ 为颗粒的相对密度。

需要注意的是，本研究只是通过简单的剪切实验间接证明壁面滑移效应的存在，然后推导出式（4-42），即壁面滑移修正的 Buckingham 阻力公式。壁面滑移效应存在的严格证明需进行至少 3 种管径的环管实验。根据刘晓辉[43]不同管径的环管实验结果，料浆填充度大于 0.756 时即存在壁面滑移效应，因此后续在使用式（4-42）时需校核实际填充度数值是否大于 0.756。

4.2.2.3 修正 Buckingham 阻力公式可靠性验证

采用实测管道阻力检验壁面滑移修正的 Buckingham 阻力公式的可靠性。

A 高浓度全尾砂充填料浆

前期已使用管径 100 mm 和 150 mm 的环管实验中实测的某铁矿和某铜矿高浓度全尾砂料浆的 23 组阻力数据分别对 Buckingham 公式和壁面滑移修正的 Buckingham 公式进行可靠性检验[183]。结果表明，料浆填充度为 0.763~0.876，均大于壁面滑移效应存在的最小填充度 0.756；滑移层厚度为 3.6~11.0 μm，Buckingham 公式的预测值平均比实测值大 29.8%，壁面滑移修正的 Buckingham 公式的预测值平均比实测值大 11.3%，滑移修正系数 λ 为 0.83~0.85。

使用某铅锌矿高浓度全尾砂充填料浆管输实测阻力进一步对壁面滑移修正的 Buckingham 公式进行验证。水平直管上两压力表间距为 438 m，管道内径为 150 mm，压力表每 1 min 采集一组数据，较稳定的压力数据见表 4-1。

表 4-1 某铅锌矿高浓度全尾砂充填料浆实测管道压力 (Pa)

序号	压力表 1	压力表 2	序号	压力表 1	压力表 2
1	1417	621	4	1647	884
2	1591	799	5	1663	925
3	1642	863	6	1667	948

续表 4-1

序号	压力表 1	压力表 2	序号	压力表 1	压力表 2
7	1652	951	16	1567	799
8	1584	887	17	1558	790
9	1561	856	18	1510	749
10	1555	845	19	1475	735
11	1542	827	20	1495	772
12	1531	806	21	1546	849
13	1534	799	22	1519	853
14	1553	806	23	1487	836
15	1571	809	24	1457	815

根据表 4-1，实测的管道沿程阻力为 1655 Pa/m。全尾砂充填料浆浓度为 74.0%，砂灰比为 4，屈服应力为 46.67 Pa，塑性黏度为 0.254 Pa · s，流速为 1.26 m/s。根据 Buckingham 公式计算得到阻力为 2115 Pa/m，比实测值偏大 27.8%。

使用沉降法测试全尾砂料浆的极限浓度。在量筒中配置浓度分别为 10%、20%、30%的尾砂浆，自然沉降 5 天后轻轻倒去上清液，然后刮出底部高浓度尾砂浆，用卫生纸吸掉泌出的清水，搅拌均匀后用烘干法测试浓度，如图 4-11 所示。

图 4-11　全尾砂极限浓度测试示意图

全尾砂料浆的极限浓度测试结果如表 4-2 所示，初始浓度 10%、20%、30%的尾砂浆的极限浓度非常接近，取三次测试的平均值 79.8%。全尾砂相对密度为 2.78，换算得到全尾砂极限体积浓度为 58.7%。

表 4-2 全尾砂料浆极限浓度测试结果 (%)

初始浓度	极限浓度	平均浓度
10	79.8	79.8
20	80.1	
30	79.5	

水泥相对密度为 3.08，换算得到尾砂和水泥混合料相对密度为 2.84。全尾砂充填料浆浓度 74.0%时，换算得到全尾砂充填料浆体积分数为 50.1%，填充度为 0.853（大于壁面滑移效应存在的最小填充度 0.756）。全尾砂平均粒径为 78.25 μm，计算得到滑移层的厚度为 11.46 μm，壁面滑移修正系数为 0.87，与前期针对某铜矿和某铁矿高浓度全尾砂料浆研究得出的壁面滑移修正系数 0.83~0.85 比较接近。因此，壁面滑移修正的 Buckingham 阻力公式预测值为 1840 Pa/m，与实测阻力相比偏大 11.2%。

B 掺粗骨料高浓度全尾砂充填料浆

使用某铅锌矿掺粗骨料高浓度全尾砂充填料浆管输实测阻力进一步对壁面滑移修正的 Buckingham 阻力公式进行验证。水平直管上两压力表之间的距离为 438 m，压力表每 1 min 采集一组数据，管道内径 150 mm。

充填料浆浓度为 76.5%时，砂灰比为 4.25，粗骨料含量为 23.5%，屈服应力为 26.89 Pa，塑性黏度为 0.318 Pa·s，流速为 1.26 m/s，采集到的较稳定的压力数据如表 4-3 所示。

表 4-3 某铅锌矿掺粗骨料高浓度全尾砂充填料浆实测管道压力 1 (Pa)

序号	压力表 1	压力表 2	序号	压力表 1	压力表 2
1	1054	424	13	1069	429
2	1064	443	14	1057	454
3	1060	466	15	1046	478
4	1021	503	16	1029	476
5	998	523	17	1029	462
6	990	528	18	1034	437
7	1023	503	19	1028	403
8	1030	451	20	1022	381
9	1048	424	21	1016	375
10	1073	424	22	1017	389
11	1075	405	23	1016	411
12	1075	407	24	1007	425

根据表 4-3，实测的管道沿程阻力为 1356 Pa/m。Buckingham 阻力公式预测值为 1526 Pa/m，比实测阻力偏大 12.5%。

充填料浆浓度为 77.3%时，砂灰比为 8.5，粗骨料含量为 23.5%，屈服应力为 36.78 Pa，塑性黏度为 0.329 Pa·s，流速为 1.57 m/s，采集到的较稳定的压力数据如表 4-4 所示。

表 4-4　某铅锌矿掺粗骨料高浓度全尾砂充填料浆实测管道压力 2　　(Pa)

序号	压力表 1	压力表 2	序号	压力表 1	压力表 2
1	1288	556	11	1141	395
2	1446	700	12	1193	371
3	1502	768	13	1248	377
4	1522	798	14	1301	439
5	1446	752	15	1322	525
6	1288	626	16	1305	600
7	1219	556	17	1272	666
8	1169	510	18	1260	677
9	1111	466	19	1230	644
10	1104	433	20	1155	578

根据表 4-4，实测的管道沿程阻力为 1607 Pa/m。Buckingham 阻力公式预测值为 2042 Pa/m，比实测阻力偏大 27.1%。

首先对掺粗骨料高浓度全尾砂充填料浆在管输过程中的均质性进行判定。进行不同充填配比的流变实验，同时测试全尾砂料浆部分的密度，根据式（2-7）计算得到承载不同上限粒径所需的屈服应力，其中剪切阻力系数 C 取较小值以使计算结果偏安全，即 $C=1.2$。得到高浓度全尾砂料浆屈服应力与能承载的上限粒径的函数关系，如图 4-12 所示。参考《浆体长距离管道输送工程设计标准》（T/CECS 98—2019），将颗粒物料的 d_{95} 粒径称为其上限粒径。测试结果表明，粗骨料上限粒径为 2.5 mm。

根据图 4-12 中的函数关系，粗骨料上限粒径 2.5 mm 时，全尾砂料浆最小屈服应力应为 17.61 Pa。表 4-3、表 4-4 对应的掺粗骨料高浓度全尾砂料浆的屈服应力分别为 26.89 Pa 和 36.78 Pa，因此可近似认为料浆是均质流。

由于粗骨料的相对密度（3.05）大于全尾砂的相对密度（2.78），因此掺粗骨料高浓度全尾砂料浆的极限体积浓度不大于全尾砂料浆的极限体积浓度，可取全尾砂料浆的极限体积浓度进行代替。根据图 4-9，剪切面附近主要是高浓度全尾砂料浆而没有粗骨料，因此计算掺粗骨料高浓度全尾砂料浆管输过程中的滑移层厚度时可使用全尾砂的平均粒径 78.25 μm。

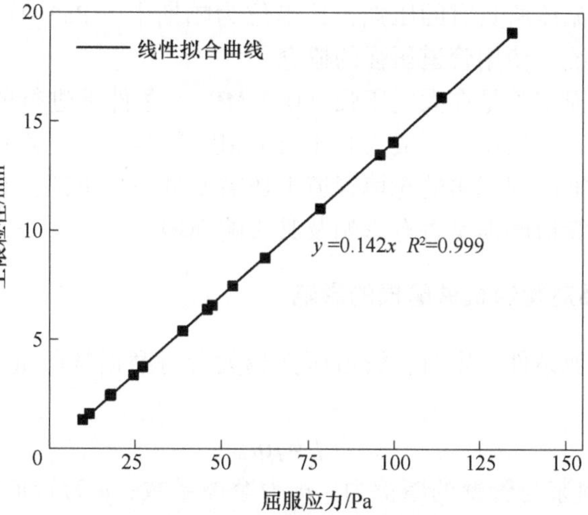

图 4-12 高浓度全尾砂料浆屈服应力与粗骨料上限粒径关系

掺粗骨料高浓度全尾砂料浆浓度 76.5%时，体积分数为 53.1%，填充度为 0.905（大于壁面滑移效应存在的最小填充度 0.756）。计算得到滑移层的厚度为 7.47 μm，壁面滑移修正系数为 0.89，壁面滑移修正的 Buckingham 阻力公式预测值为 1358 Pa/m，比实测阻力偏大 0.2%。

掺粗骨料高浓度全尾砂料浆浓度为 77.3%时，体积分数为 54.4%，填充度为 0.927（大于壁面滑移效应存在的最小填充度 0.756）。计算得到滑移层的厚度为 5.73 μm，壁面滑移修正系数为 0.91，壁面滑移修正的 Buckingham 阻力公式预测值为 1858 Pa/m，比实测阻力偏大 15.6%。

综上分析，壁面滑移修正的 Buckingham 阻力公式引入了一个小于 1 的无量纲修正系数，有效克服了 Buckingham 阻力公式预测值（平均比实测值偏大 29.0%）比实测值显著偏大的缺陷，能较为准确地预测（掺粗骨料）高浓度全尾砂充填料浆的管输阻力（平均比实测值偏大 11.0%），进而可用于计算管壁剪切应力并结合罐式磨损实验结果来预测相应的管道磨损速率。

利用壁面滑移修正的 Buckingham 阻力公式准确计算（掺粗骨料）高浓度全尾砂充填料浆管输沿程阻力之后，还可结合管道布置并考虑一定的局部阻力系数，从管道出口处反推得到管道不同位置的管道压强，然后在此基础上计算管道最小承压壁厚等参数，根据管道压强和承压壁厚来指导矿山充填管道的更换工作，避免提前更换管道导致的浪费以及延迟更换导致的爆管事故。

4.3 充填管道压强对管道磨损的影响

首先需要指出，在流体管道输送领域，人们习惯使用“管道压力”的概念，但其内涵是管内流体所具有的压强，其单位为帕斯卡（Pa）而非牛顿（N）。为避免歧义，本书统一使用管道压强的概念。

第 3 章的磨损实验是在大气压强（0.1 MPa）条件下进行的，而真实的高浓度充填料浆输送管道的压强一般为 0.5~10 MPa 量级，通过罐式磨损机得到的试样磨损速率能否推广到真实的充填管道中还需要进一步论证，其核心就是解答管道内流体压强对管道磨损是否有影响及其影响强弱。

4.3.1 管道压强对管道机械磨损的影响

通常认为其他条件一定时，管道压强越大管道磨损越严重[11,199]，其依据一般是[47,200]：

$$f = \mu p \tag{4-46}$$

式中，f 为充填料浆与管壁的摩擦力；μ 为摩擦系数；p 为管道压强。根据该式，管道压强越大摩擦力也越大，进而磨损越严重。

式（4-46）原型实际上是经典的摩擦定律，其中的法向压力单位为牛顿（N），且只适用于刚体之间的摩擦，而不适用于流体与固体壁面之间的摩擦。高浓度充填料浆管道输送中，管道压强的单位为帕斯卡（Pa），因此并不能将管道压强 p（Pa）代入式（4-46）。基于式（4-46）得出“管道压强越大摩擦力也越大，进而磨损越严重”是有缺陷的，但可以借鉴其分析思路。

4.3.1.1 将掺粗骨料高浓度全尾砂料浆概化成单质流体

根据流体在管道中的静力平衡方程，管壁摩擦力 f 与管壁剪切应力 τ_w 和管道内壁面积 $S = \pi DL$ 有关：

$$f = \tau_w S = \frac{\Delta p}{L}\frac{D}{4}\pi DL \tag{4-47}$$

可见，管道长度 L 和管径 D 固定时，管壁摩擦力 f 与单位管长的压强变化梯度，也即沿程阻力 $\frac{\Delta p}{L}$ 有关，而非与管道绝对压强 p 有关。管道长度 L 和管径 D 固定时，可只分析管壁剪切应力 τ_w 对管道磨损的影响，4.1.3 节已进行分析。结合壁面滑移修正的 Buckingham 阻力公式，τ_w 可写为：

$$\tau_w = \left(\frac{8v}{D}\eta + \frac{4}{3}\tau_0\right)\cdot\left(1 + \frac{8\delta\eta}{D\mu_{slip}}\right)^{-1} \tag{4-48}$$

4.3.1.2 将掺粗骨料高浓度全尾砂料浆视为固-液两相体系

由于高浓度充填料浆的管输沿程阻力与流速呈一次函数关系，因此可以将管壁的总摩擦阻力拆分成固体颗粒摩擦阻力和流体（水和-20 μm 细颗粒组成）摩擦阻力两部分，管道磨损主要是固体颗粒对管壁的摩擦导致的。

$$f = \tau_{ws}S_s + \tau_{wl}\pi DL = \frac{N\cdot\mu F_N}{S_s}S_s + \left(\frac{\Delta p}{L}\right)_l\frac{D}{4}\pi DL \tag{4-49}$$

式中，τ_{ws}和τ_{wl}分别为固体颗粒和流体部分对管壁的剪切应力，Pa；S_s为固体颗粒与管壁接触的总面积，m^2；N为与管壁接触的固体颗粒总数；μ为料浆中固体颗粒与管壁的摩擦系数；F_N为料浆中固体颗粒对管壁的法向压力，N；$\left(\frac{\Delta p}{L}\right)_1$为料浆中流体部分的沿程阻力，Pa/m。

由式（4-49）可知，流体摩擦阻力与流体部分的沿程阻力或压强变化梯度$\left(\frac{\Delta p}{L}\right)_1$有关，而非与管内流体的绝对压强$p$有关，即管道压强$p$对流体摩擦阻力没有影响。因此，问题转换为求解料浆中固体颗粒对管壁的法向压力F_N，F_N越大固体颗粒对管道的摩擦和磨损就越严重。最终，问题转换为分析管内流体压强p(Pa) 对F_N的影响。

首先分析最简单的情况。假设在海床上放置一块质量为m、体积为V的岩块，那么岩块对海床的压力F_N为：

$$F_N = mg - \rho gV \tag{4-50}$$

只要岩块始终被浸没在海水（密度ρ）中，那么压力F_N（N）并不会随着海水深度的变化而变化，也即压力F_N（N）并不会随海水对岩块绝对压强p（Pa）的变化而变化。其本质原因是岩块受到的浮力与其上下表面的海水压强差有关，而非与绝对压强p（Pa）有关。

由第2章研究可知，粗颗粒在高浓度全尾砂料浆中受重力G、浮力F_1、剪切阻力F_2、Magnus升力和Saffman升力等。分析粗颗粒的沉降趋势时，只需考虑竖直向下的重力，竖直向上的浮力和剪切阻力，以及管道顶部的剪切流动区内向下的Magnus升力和Saffman升力。Magnus升力和Saffman升力分别与颗粒的旋转运动和所处流场的速度梯度有关，而与管内流体的压强并无关联[167]。并且，与重力相比Magnus升力和Saffman升力的值较小，可用粗颗粒的竖直向下的惯性力来代替简化分析。

理想的高浓度充填料浆为均质的悬浮体系，其中的所有固体颗粒完全被悬浮，因此固体颗粒对管壁的压力为$F_N = G + F_{惯} - F_1 - F_2 \leqslant 0$。工程上，高浓度充填料浆很难做到绝对均质，会有少部分粗颗粒沉降到管道底部进行滑动，如图4-13所示。

此时管壁底部受到颗粒的法向压力F_N等于压覆在管壁上的粗颗粒床层的浮重F_W，但F_N仍然与管内流体的压强p（Pa）无关。

$$F_N = F_W = (G + F_{惯} - F_1 - F_2)C_{vb}S_b \tag{4-51}$$

式中，C_{vb}为粗颗粒床层的体积浓度，%；S_b为粗颗粒床层的横截面积，m^2。

综合以上分析，对于理想的高浓度充填料浆和轻微沉降的高浓度充填料浆，固体颗粒对管壁的法向压力F_N（N）与管道压强p（Pa）没有必然联系。因此，

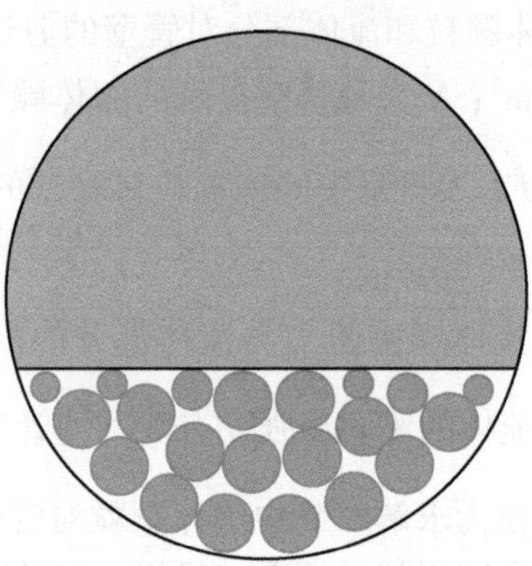

图 4-13　粗颗粒在管底沉积推移示意图

仅从机械磨损角度分析，不能得出“充填管道压强越大磨损越严重”。

4.3.2　管道压强对管道腐蚀磨损的影响

充填管道内壁的主要腐蚀类型为吸氧腐蚀，其控制因素为管道钢和溶解氧的电化学特性，管道钢和溶解氧的电化学特性的影响最终表现为管道中腐蚀电流密度的变化。因此，可从管道压强对钢的电化学特性和腐蚀电流密度的影响入手，分析管道压强对充填管道腐蚀磨损的影响。

管径 D、壁厚 T 的充填管道在内部压强 p 的作用下将处于环向拉伸状态，环向拉应力 σ 为：

$$\sigma = \frac{pD}{2T} \gg p \tag{4-52}$$

可见，管道压强 p 越大，管壁受到的环向拉应力 σ 也越大。管道壁厚 T 大于最小承压壁厚 t 时，环向拉应力 σ 小于管道材料的屈服强度。因此，充填时管壁内表面受压强 p、管壁横截面受拉应力 σ，都处于弹性变形状态。研究表明，弹性压应力和弹性拉应力对金属材料力学电化学效应的影响具有对称性[201]，因此可采用管壁受到的弹性拉应力 σ 进行相关分析。

根据热力学和动力学相关理论[202]，钢材受到弹性应力 σ 时，其活度（可简单理解为溶解在反应体系中物质的有效浓度）可表示为：

$$a_{\mathrm{Fe}}(\sigma) = a_{\mathrm{Fe}}(p^{\ominus})\exp\left(\frac{V_{\mathrm{Fe,m}}(\sigma)}{RT}(\sigma - p^{\ominus})\right) \tag{4-53}$$

式中，$a_{\mathrm{Fe}}(\sigma)$ 为 Fe 在管壁应力为 σ 时的活度；$a_{\mathrm{Fe}}(p^{\ominus})$ 为 Fe 在标准压强 $p^{\ominus}$（本书取管道出口压强，即大气压强，0.1 MPa）时的活度，其值为 1；$V_{\mathrm{Fe,m}}(\sigma)$ 为 Fe 在管壁应力为 σ 时的摩尔体积；R 为理想气体常数，8.314 J/(mol · K)；T 为温度，本书取标准温度 298.15 K。

充填管道压强的最大量级一般为 10 MPa，16Mn 钢管道屈服强度的 345 MPa 远小于其体积模量的 166 GPa，因此可忽略管道内压强或管壁拉应力对钢管摩尔体积的影响，即取标准压强时的数据进行计算。根据 Fe 的密度 7850 kg/m^3 和 1 mol Fe 的质量 56×10^{-3} kg 求得其摩尔体积，将其他相关参数代入式（4-53）后，求得管壁应力变化时 Fe 的活度变化趋势，如图 4-14 所示。其中，250 MPa 为参考《输油管道工程设计规范》（GB 50253—2014）计算得到的 16Mn 钢管的最大许用应力。

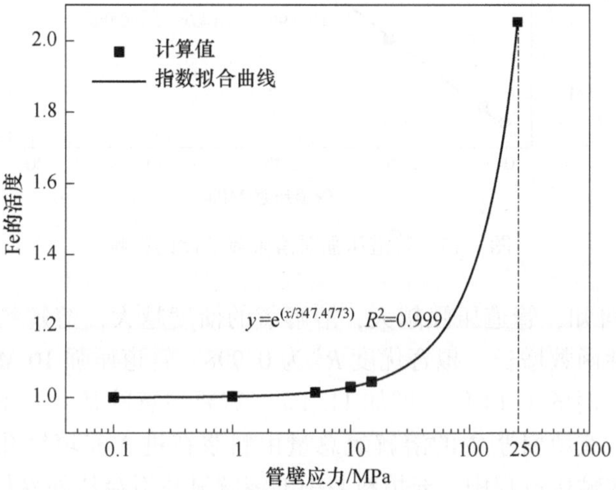

图 4-14 管壁应力对 Fe 活度的影响

由图 4-14 可知，管壁受到的应力越大，管道钢的活度越大，钢的活度随管道应力增加呈指数函数增长，拟合优度 R^2 为 0.999。应力 15 MPa 时 Fe 的活度是 0.1 MPa 时的 1.044 倍，增加 4.4%；而管壁应力达到 250 MPa 的最大许用应力时，Fe 的活度是 0.1 MPa 时的 2.05 倍，增加 105%。

在不同压强状态下，溶解氧的活度也会有所差异。根据热力学和动力学相关理论，溶解氧受到压强 p 时其电化学活度可表示为：

$$a_{O_2}(p) = a_{O_2}(p^{\ominus})\exp\left(\frac{\overline{V}_{O_2}(p^{\ominus})}{RT}(p - p^{\ominus})\right) \tag{4-54}$$

式中，$a_{O_2}(p)$ 为 O_2 在管道压强 p 时的活度；$a_{O_2}(p^{\ominus})$ 为 O_2 在标准压强 $p^{\ominus}$（本书取管道出口压强，即大气压强，0.1 MPa）时的活度，其值为 1；$\overline{V}_{O_2}(p^{\ominus})$ 为 O_2 在标准压强 $p^{\ominus}$时的偏摩尔体积，32.1×10^{-6} m^3/mol[203]。

将相关参数代入式（4-54）后，求得管道压强变化时充填料浆中溶解氧的活度变化趋势，如图 4-15 所示。

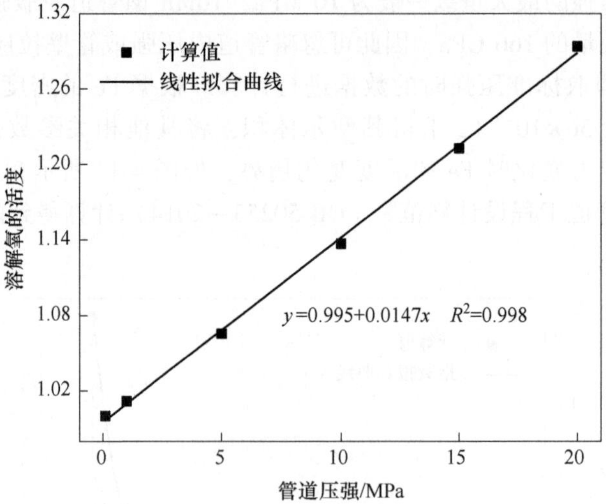

图 4-15　管道压强对溶解氧活度的影响

由图 4-15 可知，管道压强越大，溶解氧的活度越大，溶解氧的活度随管道压强增加呈线性函数增长，拟合优度 R^2 为 0.998。管道压强 10 MPa 时溶解氧的活度是 0.1 MPa 时的 1.14 倍，增加 11.4%。需要注意的是，充填料浆在管道中处于闭式输送，充填料浆中的溶解氧总量由料浆在进入充填钻孔时的状态所决定。在管道闭式输送过程中，充填料浆中的溶解氧并不会从外界得到补充，而只会逐渐消耗减少，因此图 4-15 中计算结果偏大。

电化学腐蚀中，金属的腐蚀是由阳极（管道钢）溶解造成的。根据法拉第定律可知，腐蚀速率与腐蚀电流密度成正比。由腐蚀热力学及动力学过程可推导出金属在应力 σ 作用下发生变形后的腐蚀电流密度：

$$i_c(\sigma) = i_c(p^{\ominus})\exp\left(\frac{V_{\mathrm{Fe,m}}(p^{\ominus})}{RT}(\sigma - p^{\ominus})\right) \tag{4-55}$$

式中，$i_c(\sigma)$ 为钢管道在受到应力 σ 时的腐蚀电流密度；$i_c(p^{\ominus})$ 为钢管道在标准压强 $p^{\ominus}$（本书取管道出口压强，即大气压强，0.1 MPa）时的腐蚀电流密度；定义 $i_c(\sigma)$ 与 $i_c(p^{\ominus})$ 的比值为相对腐蚀电流密度。

将钢管的相关参数代入式（4-55）可计算得到相对腐蚀电流密度，结合第 2 章的腐蚀磨损实验数据可得到管壁应力对管道腐蚀速率的影响，如图 4-16 所示。

管壁所受应力由 0.1 MPa 增加到 250 MPa 时，理论上腐蚀电流密度增加 105%，相应的腐蚀速率也增加 105%，即管道应力达到 250 MPa 的最大许用应力时，钢管的腐蚀速率是常压时的 2.05 倍。综合以上分析，充填管道的压强越大，管道钢的腐蚀速率也就越大。

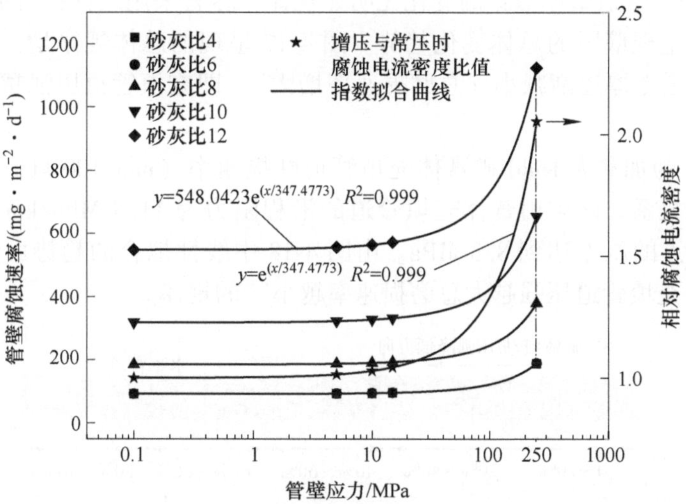

图 4-16　管壁应力对其腐蚀速率的影响

4.3.3　管道压强对管道总磨损的影响

由于管道压强越大，钢管道的腐蚀倾向也越大，理论上充填管道的压强越大其总磨损速率也越大。

对于平直管道，沿充填料浆的流动方向管道压强越来越小，因此理论上沿充填料浆流动方向管道的磨损速率越来越小。通过现场实测，平直管道壁厚沿充填料浆流动方向的变化规律如图 4-17 所示，其中所有管道的初始标称壁厚相同。由

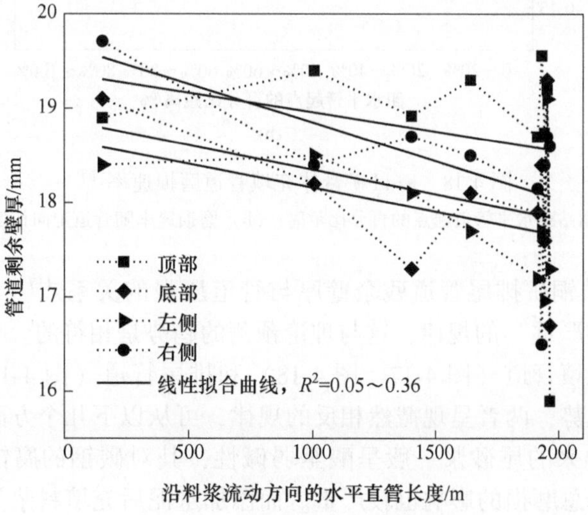

图 4-17　水平直管壁厚变化规律

图 4-17 可知，管道壁厚数据的变化无明显规律，尽管采用线性拟合的精度极低，但可以用来呈现壁厚的总体变化趋势。图 4-17 呈现的总体规律是，沿充填料浆流动方向管道壁厚逐渐减小（总磨损速率增大），即充填管道压强越大总磨损速率越小。

图 4-18 为加拿大 Kidd 矿膏体充填管道磨损速率（mm/100 kt）与水平管道走向长度的关系。该矿山膏体充填管道的沿程阻力为 11.8 MPa/km[8]，水平管道起点至终点的压差达到 8.3 MPa。由图 4-18 中线性拟合的趋势可知，Kidd 矿也呈现出“充填管道压强越大总磨损速率越小”的规律。

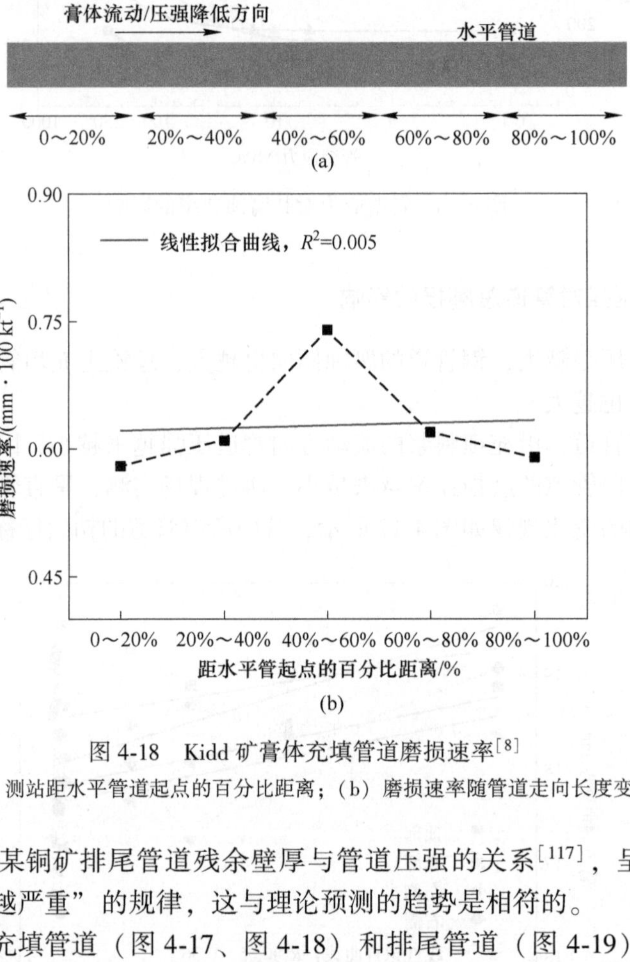

图 4-18　Kidd 矿膏体充填管道磨损速率[8]

（a）测站距水平管道起点的百分比距离；（b）磨损速率随管道走向长度变化

图 4-19 为某铜矿排尾管道残余壁厚与管道压强的关系[117]，呈现出“管道压强越大磨损越严重”的规律，这与理论预测的趋势是相符的。

对比矿山充填管道（图 4-17、图 4-18）和排尾管道（图 4-19）的壁厚随管道压强的变化趋势，两者呈现截然相反的规律，可从以下几个方面进行解释：

（1）选厂出来的尾砂浆一般呈酸至弱碱性，其对碳钢的腐蚀性较强，压强促进腐蚀对管道总磨损的影响也较严重。而添加水泥后充填料浆呈弱碱性至强碱性，其对碳钢腐蚀性较弱（见第 2 章腐蚀实验结果），压强促进腐蚀对管道总磨

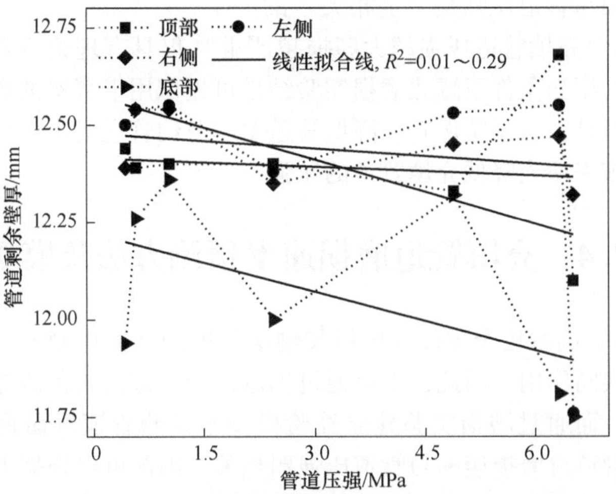

图 4-19 某铜矿排尾管道剩余壁厚与管道压强关系

损的影响较弱。即便管壁所受应力由 0. 1 MPa 增加到 250 MPa 的最大许用应力，钢管的腐蚀速率理论上是常压时的 2. 05 倍，但纯腐蚀在总磨损中的占比仍然极小（见第 3 章表 3-4）。

（2）除了停机检修外，选矿厂一般是 24 小时连续运行的，这意味着排尾管道也是连续运行的。与此相反，充填站除了停机检修外，每天充填 1～2 班，每天充填完需要进行洗管工作。洗管时可以明显地听见固体颗粒与管壁剧烈碰撞的声音，原因是洗管过程中充填管内残存料浆在大流量的洗管水作用下处于低浓度、高速紊流状态，其中的固体颗粒会对管道内壁造成严重的冲蚀磨损。

（3）在洗管水将管内残余料浆顶出（图 2-9（c））后，正式进入洗管阶段（图 2-9（d））。可见，管道内壁残留的料浆在洗管水的冲刷下不断往靠近采场的管道积聚、运移。因此，越靠近采场的管道受到更多体积料浆的冲蚀作用，这意味着沿着料浆的流动方向，充填管道因洗管而受到的冲蚀磨损会逐渐变严重。

（4）第 2 章计算结果表明，相同接触时间和相同粗骨料参数条件下，洗管对管道造成的冲蚀磨损要远比正常充填时的磨蚀磨损严重。因此，洗管对管道的冲蚀磨损作用不但抵消了正常充填时压强对管道总磨损的促进作用，且洗管时的冲蚀磨损作用更突出，最终表现为充填管道的壁厚沿料浆流动方向呈增大的趋势，呈现出“充填管道压强越大总磨损越小”的假象。

即便对于图 4-19 中的腐蚀磨损较严重的排尾管道，由于线性拟合的 R^2 极低（小于 0. 3），实际上可以认为管道总磨损与管道压强是“弱相关”的。强碱性的胶结充填料浆对钢管的腐蚀磨损处于很小的量级，管道压强对机械磨损没有影响而仅对腐蚀磨损有促进作用，根据图 4-17 和图 4-18 中线性拟合的 R^2 也可以认为充填管道总磨损与管道压强是“弱相关”的。

综上分析，“充填管道压强越大磨损越严重”仅具有理论意义，而工程意义十分有限，大气压强条件下罐式磨损实验结果可近似用于真实的高压充填管道磨损速率预测。但是，从预防爆管、降低管道壁厚节约管道成本的角度，仍然有必要采取工程措施来适当降低充填管道的压强。

4.4 充填管道磨损速率预测方法及模型

（掺粗骨料）高浓度全尾砂充填料浆输送管道的磨损机制不止一种，而是多种磨损机制的共同作用。因此，难以通过理论建模的方法来预测充填管道磨损速率或使用寿命，而通过磨损实验建立经验模型来预测管道寿命是较为可行的方法。由于充填管道总磨损速率与管道压强弱相关，因此可以根据大气压强条件下的罐式磨损实验结果来预测高压充填管道的磨损速率，具体方法如下：

（1）开展罐式磨损实验，实验使用的充填物料、拌和水和磨损试样与现场所用一致。根据平板边界层理论建立罐式磨损实验时试样磨损速率 $W_{m(mg/(m^2 \cdot h))}$ 与试样壁面剪切应力 τ_w 的函数关系 $W_{m(mg/(m^2 \cdot h))}=f(\tau_w)$。

（2）采用壁面滑移修正的 Buckingham 阻力公式计算矿山充填管道的沿程阻力，据此得到管壁剪切应力 τ_w，进而根据函数关系 $W_{m(mg/(m^2 \cdot h))}=f(\tau_w)$ 得到矿山正常充填时的管道磨损速率 $W_{ct(mg/(m^2 \cdot h))}$。

（3）将矿山正常充填时的管道磨损速率 $W_{ct(mg/(m^2 \cdot h))}$ 转换为 $W_{ct(mm/h)}$。根据质量守恒，只需在 mg/(m^2 · h) 表示的磨损速率的基础上除以管道钢的密度 ρ_g（7.85 mg/mm^3）就可以得到以 mm/h 表示的磨损速率。因此，矿山正常充填时的管道磨损速率 $W_{ct(mm/h)}$ 为：

$$W_{ct(mm/h)}=\frac{1}{10^6\rho_g}W_{ct(mg/(m^2 \cdot h))} \tag{4-56}$$

（4）矿山每年正常充填的管道磨损速率 $W_{ct(mm/a)}$ 为：

$$W_{ct(mm/a)}=W_{ct(mm/h)} \cdot t_y \cdot t_{ct} \tag{4-57}$$

式中，t_y 为每年充填天数，d；t_{ct} 为每天正常充填时间，h。

（5）矿山每天充填结束后会立即对管道进行彻底清洗，第 2 章研究表明洗管对管道的冲蚀磨损不宜忽略。但是洗管过程中料浆浓度在不断降低，实际很难对此过程中管道的冲蚀磨损速率进行理论计算，因此本研究提出一种简化方法：第 3 章研究结果表明（掺粗骨料）高浓度全尾砂充填料浆对管道的磨蚀与其层流流速可视为一次函数关系，以往研究结果表明冲蚀磨损与料浆流速为二次函数关系，洗管时的冲蚀磨损 $W_{xg(mm/a)}$ 借助正常充填时的流速和磨损速率进行表示：

$$W_{xg(mm/a)}=\frac{v_{xg}^2}{v}W_{ct(mm/h)} \cdot t_y \cdot t_{xg} \tag{4-58}$$

式中，v_{xg} 和 v 分别为洗管和正常充填时的流速，近似认为洗管时颗粒速度与水流速度相同；t_{xg} 为每天洗管时的冲蚀磨损时间，h，需根据实际的洗管总时长和管道出口洗管水中的固相含量变化来确定。

（6）洗管结束之后，管道内壁处于湿润状态并且管内充满空气。矿山检修是分散到全年的，并不会出现连续很多天不进行充填使管道内壁变得干燥的情况。因此，在正常充填和洗管时间段外，管道内壁一直受到洗管水的腐蚀作用。参照上述推导过程，可借助浸泡腐蚀实验确定充填管道因洗管水腐蚀而导致的壁厚损失 $W_{fs(mm/a)}$。浸泡腐蚀实验所用管材和水样也应与现场一致。

$$W_{jp(mm/h)} = W_{jp(mg/(m^2 \cdot h))}\frac{1}{10^6\rho_g} \tag{4-59}$$

$$W_{fs(mm/a)} = \underbrace{W_{jp(mm/h)} \cdot t_y(24 - t_{ct} - t_{xg})}_{\text{充填天数内充填、洗管后的腐蚀磨损}} + \underbrace{W_{jp(mm/h)} \cdot 24(365 - t_y)}_{\text{不充填天数内的腐蚀磨损}} \tag{4-60}$$

式中，24 和 365 分别代表每天总时长和每年总天数。

润管时间一般小于 0.5 h，因此可忽略润管水对管道的腐蚀磨损。

（7）充填管道总磨损速率 $W_{zms(mm/a)}$ 为：

$$W_{zms(mm/a)} = W_{ct(mm/a)} + W_{xg(mm/a)} + W_{fs(mm/a)} \tag{4-61}$$

虽然实际充填时料浆浓度、粗骨料含量和流速等参数处于变动之中，但是罐式磨损实验的磨损速率 $W_{m(mg/(m^2 \cdot h))}$ 与剪切应力 τ_w 的函数关系 $W_{m(mg/(m^2 \cdot h))} = f(\tau_w)$ 可有效应对这种变化：根据充填参数的变化范围计算管道沿程阻力的变化范围，进而采用平均的壁面剪切应力来进行管道磨损速率的预测。

后续可采用现场实测的管道磨损数据对上述充填管道磨损速率预测方法及模型的可靠性进行检验。

4.5 本章小结

本章将（掺粗骨料）高浓度全尾砂充填料浆概化为均质流体，将壁面剪切应力作为室内实验和实际充填管道中磨损速率的桥梁，分析了管道压强对管道机械磨损、腐蚀磨损和总磨损的影响，提出了充填管道磨损速率预测方法及模型，主要得到以下结论：

（1）在牛顿流体的平板边界层理论中引入屈服应力建立（掺粗骨料）高浓度全尾砂充填料浆这类宾厄姆流体中运动平板的积分动量方程，建立罐式磨损机中磨损试样壁面在不同料浆流速和流变参数条件下受到的剪切应力模型。

（2）基于壁面剪切应力分别建立了正常充填时高浓度全尾砂料浆磨蚀、掺水淬渣高浓度全尾砂料浆磨蚀、掺水淬渣高浓度全尾砂料浆同时存在磨蚀和冲蚀时的管道磨损速率预测模型（式（4-21）~式（4-23）），磨损速率随壁面剪切应力的增大呈幂律函数增长。不同充填物料和工况范围有不同的磨损速率预测模型，是因为研究时忽略了料浆的颗粒属性，建立的是磨损速率的唯象预测模型。

（3）Buckingham 阻力公式、Swamee-Aggarwal 阻力公式和 Darby-Melson 阻力公式实际上是同一公式的不同表达形式，都存在预测值比实测值显著偏大的问题，但 Buckingham 阻力公式形式上最为简单。

（4）壁面滑移修正的 Buckingham 阻力公式推导过程和形式较为简单，引入一个小于 1 的无量纲修正系数，有效克服了原公式预测值比实测值显著偏大的缺陷，预测（掺粗骨料）高浓度全尾砂充填料浆管输阻力的平均误差为 11.0%，可较准确地求解管道内壁的剪切应力。修正的 Buckingham 公式还可用于计算管道压强分布，指导输送参数选择、管道壁厚设计和管道更换时机的确定。

（5）高浓度充填料浆中固体颗粒对管壁的机械磨损与管内流体压强无关，管内流体压强对管道腐蚀有促进作用，理论上管内流体压强越大磨损越严重，但实测数据表明管道总磨损速率与管内流体压强弱相关，这是因为胶结充填时管道腐蚀速率与磨蚀速率相比处于很小的量级，且沿料浆流动方向管道受洗管冲蚀磨损逐渐加重。因此，可近似根据大气压强环境下开展的磨损实验结果来预测高压条件下充填管道的磨损速率。

（6）将高浓度充填料浆输送管道总磨损速率分为正常充填阶段磨损、洗管阶段磨损和洗管水腐蚀磨损 3 部分，分别给出了 3 部分的预测方法和计算模型。第 1 部分根据罐式磨损实验和管道内壁剪切应力进行精确计算（式（4-21）~式（4-23），需根据充填物料和工况范围选用），第 2 部分根据洗管流速、正常充填时的流速和磨损速率进行估算（式（4-58）），第 3 部分根据浸泡腐蚀实验进行精确计算（式（4-60））。后续采用现场实测的管道磨损数据进行可靠性检验。

5 高浓度全尾砂料浆中粗骨料对充填管道磨损机制模拟

尽管第 4 章提出了通过壁面剪切应力预测充填管道磨损速率的方法并建立了预测模型，但实际上是将掺粗骨料高浓度全尾砂充填料浆概化为均质流体而忽略了其颗粒特性，因此建立的是唯象预测模型。唯象预测模型只能从宏观上描述磨损速率与壁面剪切应力的函数关系，不能体现料浆中固体颗粒间、固体颗粒与流体间、固体颗粒与管壁间的相互作用，也不能揭示料浆中固体颗粒的运动规律以及固体颗粒对充填管道的磨损机制。此外，粗骨料粒径大幅度变化时，唯象预测模型可能失效，表明此时忽略料浆中的粗骨料不再合理。

基于计算流体力学（CFD）和离散元（DEM）的数值模拟技术，可以模拟颗粒的运动情况及其与流场的相互影响，获取颗粒在管道内的运动规律及其与管壁的相互作用，在低浓度水砂混合物对管道和泵的冲蚀，以及高浓度的混凝土在管道中的输送等领域已有较多应用。

本章回归到掺粗骨料高浓度全尾砂料浆为固-液两相体系的实际情况，采用 CFD-DEM 耦合方法对掺粗骨料的高浓度全尾砂料浆在平直管道中的流动和管道磨损情况进行模拟，分析粗骨料在管壁附近的运动规律及其与管壁的接触作用力，以期揭示粗骨料对充填管道的机械磨损机制。同时，通过设置 0.1~10 MPa 的管道压强出口条件，模拟管内流体压强对管道机械磨损的影响，检验第 4 章 4.3.1 节相关论述是否正确。

5.1 CFD-DEM 基本理论

CFD-DEM 耦合模拟时，使用 DEM 方法求解颗粒相的运动受力情况，使用 CFD 方法计算流体流场，通过颗粒相与流体相之间质量、动量和能量等信息的交换来实现耦合[204]。Fluent 和 EDEM 软件分别是目前流体模拟和离散元模拟方面的成熟商用软件，本研究将这两个软件进行耦合来开展相关模拟工作。首先，Fluent 按时间步长计算流场，即求解连续相的原始流场。得到的流场信息通过曳力模型和升力模型（Magnus 力和 Saffman 力）传递。然后，将力转化为作用在颗粒上的流体阻力，开始迭代计算。当迭代达到收敛准则或指定迭代步数后，计算得到的流场数据通过相应接口传输到 EDEM 中。同时，EDEM 软件根据流场数据，同时考虑颗粒碰撞信息和颗粒与流体的相互作用力，计算出颗粒的作用力，得到颗粒的位置。将更新后的颗粒位置、运动轨迹和速度信息反馈到 Fluent，开始新一轮的耦合计算过程。

5.1.1 流体相控制方程

Fluent 进行流场模拟时，质量守恒方程和动量守恒方程如下：

$$\frac{\partial \rho_f}{\partial t} + \frac{\partial}{\partial x_i}(\rho_f u_i) = 0 \tag{5-1}$$

$$\frac{\partial}{\partial t}(\rho_f u_i) + \frac{\partial}{\partial x_j}(\rho_f u_i u_j) = -\frac{\partial p}{\partial x_i} + \frac{\partial \tau_{ij}}{\partial x_j} + F_i \tag{5-2}$$

式中，ρ_f 为流体密度；$u_i u_j$ 为流体速度（i，$j = 1$，2，3，…）；p 为压强；τ_{ij}为应力张量；F_i 为体积力。

考虑颗粒之间相互作用后的流体相动量守恒方程为：

$$\frac{\partial(\rho_f \xi u_i)}{\partial t} + \frac{\partial(\rho_f \xi u_i u_j)}{\partial x_j} = \frac{\partial p}{\partial x_i} + \frac{\partial(\xi \tau_{ij})}{\partial x_j} + n_p(F_{Drag} + F_{Saffman} + F_{Magnus}) + \xi \rho_f g \tag{5-3}$$

式中，ξ 为流体体积分数；n_p 为每单位体积的颗粒数；F_{Drag}、$F_{Saffman}$ 和 F_{Magnus} 分别为施加在每个颗粒上的曳力、Saffman 升力和 Magnus 升力。

5.1.2 颗粒相控制方程

采用 EDEM 求解颗粒相是利用颗粒接触模型计算相互接触单元间的受力，并利用牛顿第二运动定律求解颗粒的运动参量。每个单独的颗粒通过一个软球模型来计算，该模型由牛顿平动和旋转运动方程描述：

$$m_p \frac{dv_p}{dt} = F_{p\text{-}w} + F_{p\text{-}p} + F_{Drag} + F_{Saffman} + F_{Magnus} + m_p g \tag{5-4}$$

$$I_p \frac{d\omega_p}{dt} = M_p \tag{5-5}$$

式中，m_p、v_p、I_p 和 ω_p 分别为颗粒的质量、平动速度、转动惯量和旋转速度；$F_{p\text{-}w}$ 和 $F_{p\text{-}p}$ 分别为颗粒与管壁、颗粒与颗粒之间的接触力；M_p 是由接触力引起的合力矩。

曳力 F_{Drag} 采用 Di Felice 模型：

$$F_{Drag} = \frac{1}{8} C_d \rho_f \pi d_p^2 (v^f - v^p) \left| v^f - v^p \right| f(e) \tag{5-6}$$

式中，ρ_f 为流体的密度；d_p 为固体颗粒的直径；v^f 和 v^p 分别为流体和固体颗粒的速

度；$f(e)$ 为颗粒孔隙度 e 的函数；C_d 为与颗粒雷诺数 Re_p 相关的阻力系数，$C_d = \left(0.63 + \dfrac{4.8}{\sqrt{Re_p}}\right)^2$，$Re_p = \dfrac{e\rho_f d_p |v^f - v^p|}{\mu_f}$；$\mu_f$ 为流体黏度；$f(e) = \begin{cases} 1 & 单个颗粒 \\ e^{-m} & 多个颗粒 \end{cases}$；$e^{-m}$ 为颗粒间相互作用引起的孔隙率变化的修正因子，该因子通常以指数形式表示；$m = 3.7 - 0.65\exp\left[-\dfrac{(1.5 - \lg Re_p)^2}{2}\right]$。

$$F_{Magnus} = \frac{1}{2} C_{Magnus} \pi r^2 \rho_f \frac{\omega_p \cdot v_r}{|\omega_p|}$$

$$F_{Saffman} = 6.46 C_{Saffman} r^2 \sqrt{\rho_f v^f} \frac{v_r \alpha}{\sqrt{\alpha}}$$

式中，C_{Magnus} 为 Magnus 升力系数；r 为固体颗粒半径；v_r 为相对流体速度；$C_{Saffman}$ 为 Saffman 升力系数；α 为张量变形率。

5.2 数值模拟条件设置

5.2.1 模型简化

CFD-DEM 方法需对每一个颗粒进行追踪，且需要在每个时步更新全部颗粒的位置和速度信息，计算量巨大，因此有必要对模型进行合理简化。

全尾砂的平均粒径为 78.3 μm，水泥的粒度多在 40 μm 以下，将这两者作为离散相将导致颗粒数量剧增模拟难以进行。因此，将尾砂、水泥和水三部分组成的高浓度全尾砂料浆视为流体相，赋予其屈服应力、塑性黏度和密度。只将毫米级别的粗骨料视为离散相，赋予其颗粒属性。

虽然机械磨损与腐蚀磨损存在协同作用，但第 3 章研究表明机械磨损速率和总磨损速率的变化规律是一致的。为了减少模拟计算量，只模拟粗骨料对充填管道的机械磨损，不模拟腐蚀磨损和磨蚀-腐蚀协同磨损。

5.2.2 管道磨损模型

采用 Archard 磨蚀磨损模型[205]，管道表面材料磨损体积 Q（m^3）按下式计算：

$$Q = WF_n L \tag{5-7}$$

式中，W 为磨损常数；F_n 为颗粒与管壁接触的法向力，N；L 为颗粒沿管壁滑动距离，m。

磨损常数按下式计算：

$$W = K/H \tag{5-8}$$

式中，K 为与润滑条件等因素有关的实验常数；H 为材料的布氏硬度，Pa。

单元磨损深度 W_h（m）由下式计算：

$$W_h = Q/s \tag{5-9}$$

式中，s 为颗粒与管壁的接触面积，m^2。

5.2.3　管道数值模型及模拟参数

基于内径 100 mm、长度 1000 mm 的平直管道建立数值模型，如图 5-1 所示。由于 CFD-DEM 方法要求数值模型的网格尺寸大于颗粒尺寸，因此采用较大的网格尺寸，数值模型实际划分约 6 万个单元。

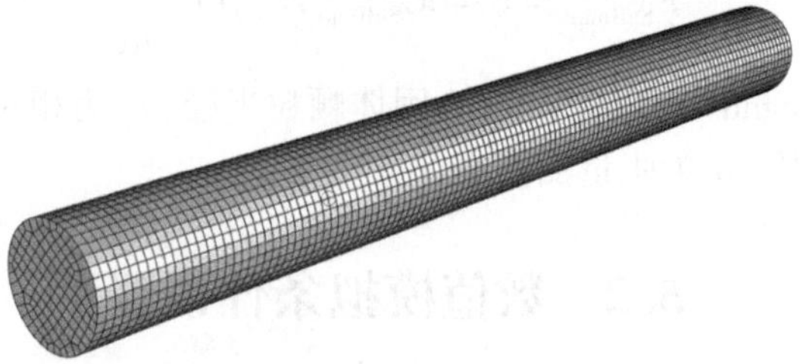

图 5-1　平直管道数值模型

共进行 4 组数值模拟，分别为：

（1）实验组。流速为 1.5 m/s，粗骨料含量为 25%（体积分数为 12.4%），粗骨料粒径为 3~6 mm（平均粒径为 4.5 mm，上限粒径 d_{95} 为 5.5 mm），相应的粗骨料质量流量为 4.45 kg/s。尾砂、水和水泥组成的高浓度全尾砂料浆（流体相）的密度为 2022 kg/m^3，屈服应力为 107.4 Pa，塑性黏度为 0.646 Pa · s。管道出口压强设置为 0.1 MPa（相对于大气压强为 0 Pa，可以理解为模拟的是靠近充填管道出口的一段低压管道）。目的是探究高浓度全尾砂料浆中粗骨料的运移规律及其对管道的磨损机制。

（2）对照组 1。尾砂、水和水泥组成的高浓度全尾砂料浆（流体相）的密度为 1908 kg/m^3，屈服应力为 37.4 Pa，塑性黏度为 0.287 Pa · s。流速、粗骨料粒径和管道出口压强等其他因素与实验组保持一致。目的是与实验组进行对比，探究高浓度全尾砂料浆（流体相）的流变参数对粗骨料的运移规律及其对管道磨损的影响。

（3）对照组 2。管道出口压强设置为 5.0 MPa，流速、高浓度全尾砂料浆（流体相）参数和粗骨料粒径等其他因素与实验组保持一致。目的是通过改变出口压强来改变管道内流体的压强（对照组 2 可以理解为模拟的是一段中等压强的充填管道），进而与实验组进行对比，探究管道压强对高浓度全尾砂料浆中粗骨料的运移规律及其对管道磨损的影响，并检验第 4 章 4.3.1 节相关论述是否正确。

（4）对照组3。管道出口压强设置为10.0 MPa，可以理解为模拟的是一段高压强的充填管道。流速、高浓度全尾砂料浆（流体相）参数和粗骨料粒径等其他因素与实验组保持一致。目的与对照组2相同。

数值计算时采用层流模型，速度入口和压强出口条件，启用重力、压强梯度力、曳力、Saffman升力和Magnus升力。采用瞬态计算模式，流体相的时间步长为2×10^{-5} s，颗粒相的时间步长为4×10^{-7} s。颗粒之间的接触、颗粒与管壁之间的接触采用Hertz-Mindlin模型，该接触模型涉及恢复系数，静摩擦系数和滚动摩擦系数3个参数[46]。数值模拟的材料参数见表5-1。由于数值模拟的目的是研究高浓度全尾砂料浆内的粗骨料在管输过程中的运动规律及其对管道的磨损机制，而不是对管道的真实磨损速率进行预测，因此粗骨料-粗骨料接触参数、粗骨料-管壁接触参数引用了其他学者的标定成果。

表5-1 数值模拟材料参数

材料类型	指标	数值	备注
管壁（16Mn钢）	密度/(kg·m^{-3})	7850	
	泊松比	0.3	
	剪切模量/Pa	8×10^{10}	弹性模量取210×10^{9} Pa
粗骨料	密度/(kg·m^{-3})	3050	
	泊松比	0.21	
	剪切模量/Pa	2.6×10^{10}	弹性模量按第2章取63.6×10^{9} Pa
粗骨料-粗骨料接触参数	恢复系数	0.64	取自文献［206］
	静摩擦系数	0.477	
	滚动摩擦系数	0.026	
粗骨料-管壁接触参数	恢复系数	0.63	
	静摩擦系数	0.46	
	滚动摩擦系数	0.018	

16Mn钢的布氏硬度取1.6×10^{8} Pa，K取3×10^{-3}[205]，则磨损常数W为1.87×10^{-11} Pa^{-1}。

5.3 数值模拟结果及分析

为判断数值计算结果何时处于稳定状态，首先对管内粗骨料总质量随计算时间的变化趋势进行统计，实验组的结果如图5-2所示。

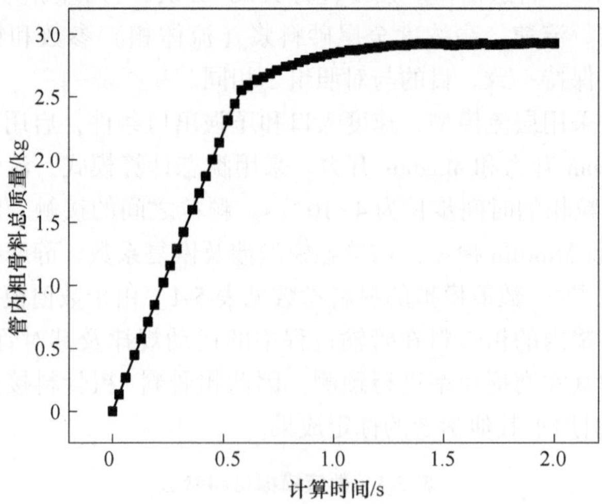

图 5-2　管道内粗骨料总质量随计算时间的变化趋势

由图 5-2 可知，初始阶段只有颗粒流入管道而没有颗粒流出管道，因此随计算时间的延长管道内颗粒总质量不断增长。在 1.0 s 时管内颗粒总质量达到最大，随后呈稳定状态，表明流入管道和流出管道的颗粒数量已达动态平衡，数值计算处于相对稳定状态。

实验组（出口压强 0.1 MPa）、对照组 2（出口压强 5.0 MPa）和对照组 3（出口压强 10.0 MPa）的管道平均磨损深度随计算时间的变化趋势如图 5-3 所示。

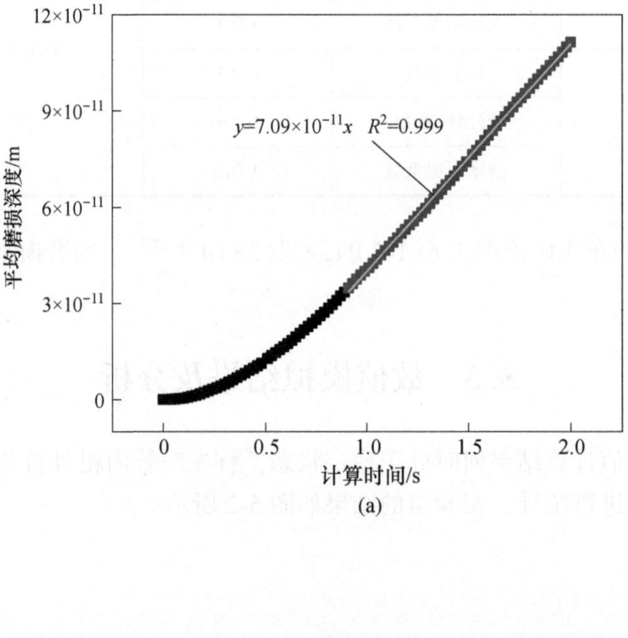

(a)

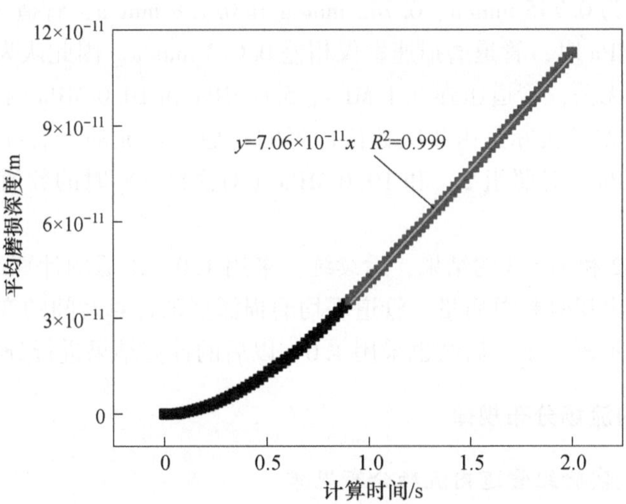

(b)

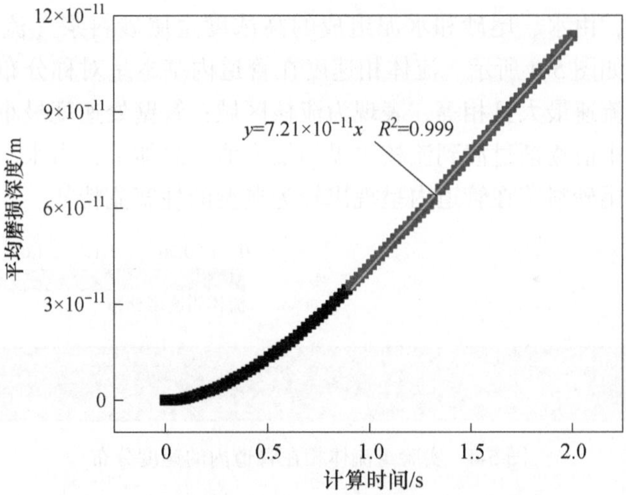

(c)

图 5-3 管道平均磨损深度随计算时间的变化趋势

（a）管道压强 0. 1 MPa；（b）管道压强 5. 0 MPa；（c）管道压强 10. 0 MPa

由图 5-3 所示，0~0. 9 s 时管道平均磨损深度随计算时间的增加呈非线性增长，表明磨损速率还不稳定；0. 9~2. 0 s 时管道平均磨损深度随计算时间的增加呈线性函数增长，表明磨损速率处于相对稳定状态。根据线性拟合曲线的斜率（磨损速率，单位 m/s），管道压强 0. 1 MPa、5. 0 MPa 和 10. 0 MPa 对应的磨损速率分别为 7.09×10^{-11} m/s、7.06×10^{-11} m/s 和 7.21×10^{-11} m/s。可见，随管道压强的增加，管道磨损速率先降低后增加，但总体上差异都非常小。每年按充填 350 d、每天充填 8 h 进行试算，管道压强 0. 1 MPa、5. 0 MPa 和 10. 0 MPa 对应的磨损速率分别为 0. 745 mm/a、0. 742 mm/a 和 0. 758 mm/a，管道压强从 0. 1 MPa 增加到 10. 0 MPa 时，管道磨损速率仅相差 0. 013 mm/a。因此认为，管道机械磨损与管道压强无关，管道压强 0. 1 MPa、5. 0 MPa 和 10. 0 MPa 时管道磨损速率之间的极微小差异实际是由 3 次数值计算的不稳定造成的。后续不再单独对管道压强 5. 0 MPa（对照组 2）和 10. 0 MPa（对照组 3）时的数值模拟结果进行分析。

综合图 5-2 和图 5-3 的结果，后续统一采用 1. 0 s 以后的计算结果进行分析。对照组 1 管道内粗骨料总质量、管道平均磨损深度随计算时间的变化趋势与实验组类似，这里不再展示，后续也采用 1. 0 s 以后的计算结果进行分析。

5. 3. 1　管道内流场分布规律

5. 3. 1. 1　实验组管道内流场分布规律

A　流体相

实验组中，由水、尾砂和水泥组成的高浓度全尾砂料浆（流体相）在管道内的速度分布如图 5-4 所示。流体相速度在管道内基本呈对称分布，管道中心一定半径范围内流速最大且相等，表现为流核区域；管壁处速度最小，流体相速度从管壁处的最小值逐渐过渡到流核边界的最大值。总体上，由水、尾砂和水泥组成的高浓度全尾砂料浆在管道内呈现出较为典型的柱塞流特征。

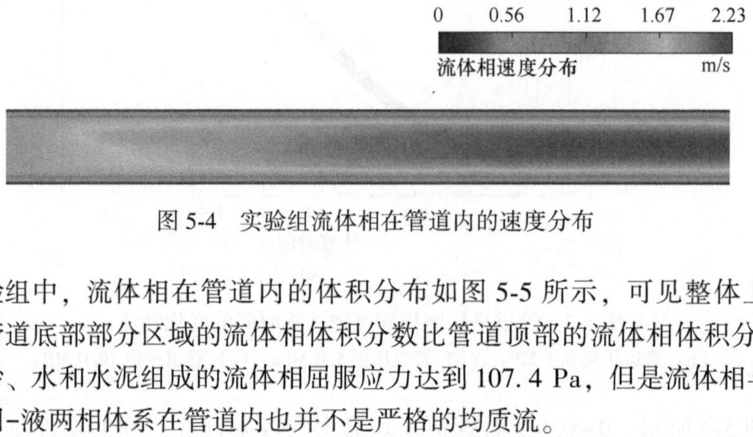

图 5-4　实验组流体相在管道内的速度分布

实验组中，流体相在管道内的体积分布如图 5-5 所示，可见整体上分布均匀，但管道底部部分区域的流体相体积分数比管道顶部的流体相体积分数稍小。尽管尾砂、水和水泥组成的流体相屈服应力达到 107. 4 Pa，但是流体相与粗骨料组成的固-液两相体系在管道内也并不是严格的均质流。

图 5-5　实验组流体相在管道内的体积分布

B 颗粒相

实验组中，粗骨料在管道内的速度分布如图 5-6 所示。

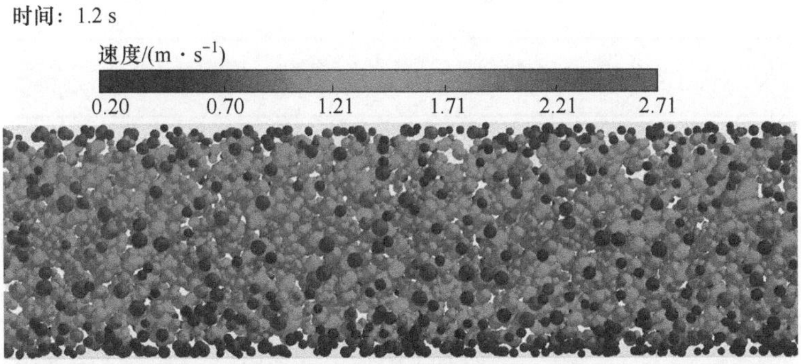

图 5-6 实验组粗骨料在管道内的速度分布

由图 5-6 可知，粗骨料速度在管道内也基本呈对称分布，管道中心一定半径范围内的粗骨料速度最大，靠管壁处的粗骨料速度最小。但是管壁处粗骨料速度并不为 0，最小值为 0. 20 m/s，表明粗骨料与管壁之间存在相对运动和摩擦，粗骨料会摩擦管壁并造成磨损。

实验组中，粗骨料在管道内的体积分布如图 5-7 所示。

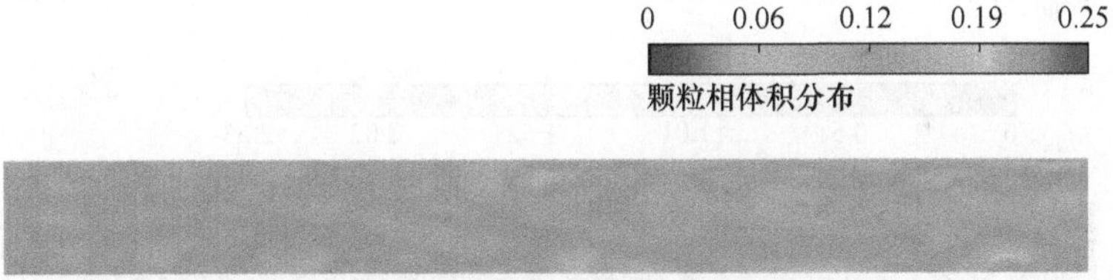

图 5-7 实验组粗骨料在管道内的体积分布

由图 5-7 可知，粗骨料的体积分数分布在管道内整体上均匀，但管道底部部分区域的粗骨料体积分数比管道顶部的粗骨料体积分数稍大，表明流体相与粗骨料组成的固-液两相体系在管道内并不是严格的均质流。

5. 3. 1. 2 对照组 1 管道内流场分布规律

A 流体相

对照组 1 中，由水、尾砂和水泥组成的高浓度全尾砂料浆（流体相）在管道内的速度分布如图 5-8 所示，流体相在管道内的体积分布如图 5-9 所示。

由图 5-8 和图 5-9 可知，对照组 1 的流体相速度在管道内呈非对称分布，随流动距离的加大流体相更多地集中于管道顶部，表明流体相与粗骨料组成的固-液两相体系在管道内均质性较差。

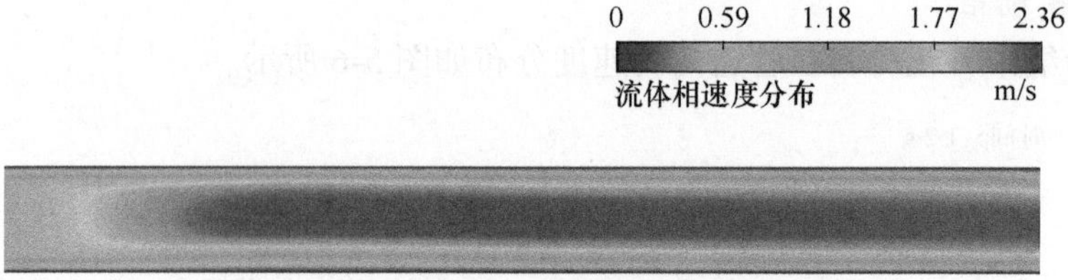

图 5-8　对照组 1 流体相在管道内的速度分布

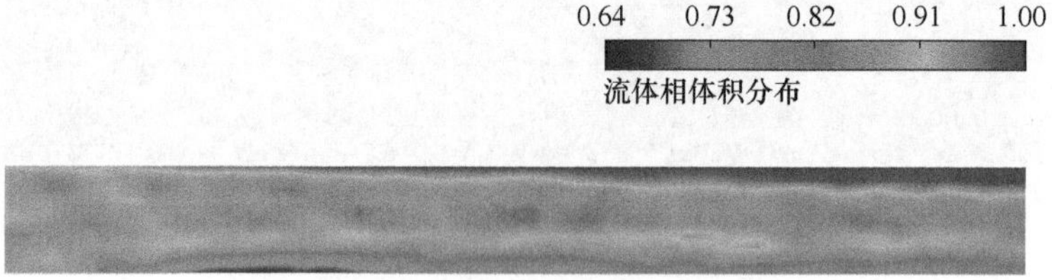

图 5-9　对照组 1 流体相在管道内的体积分布

B　颗粒相

对照组 1 中，粗骨料在管道内的速度分布如图 5-10 所示，粗骨料在管道内的体积分布如图 5-11 所示。

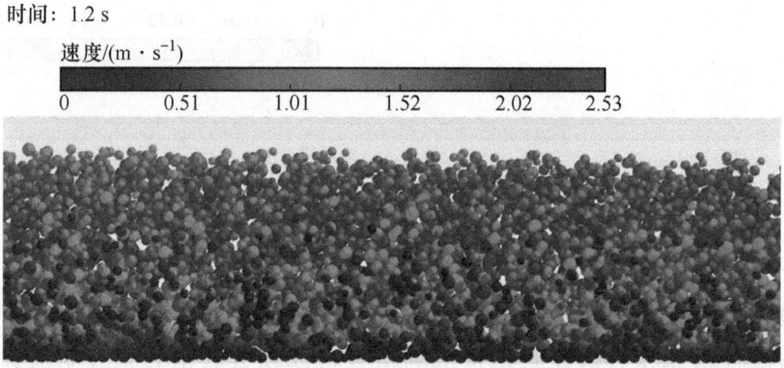

图 5-10　对照组 1 粗骨料在管道内的速度分布

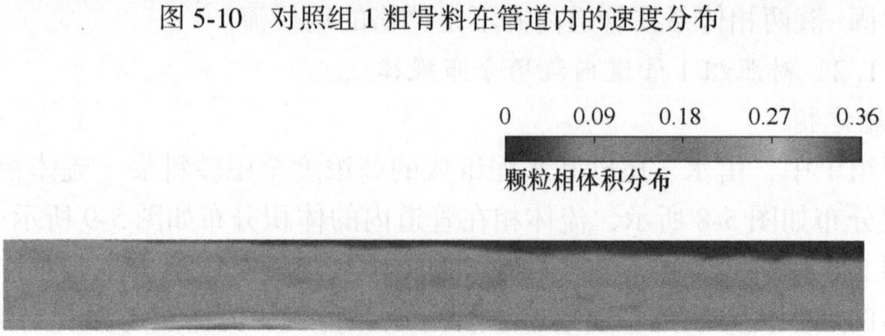

图 5-11　对照组 1 粗骨料在管道内的体积分布

由图5-10和图5-11可知，粗骨料速度在管道内呈非对称分布，管道底部颗粒速度最小，管道底部的粗骨料体积分数明显偏大，而管道顶部无粗骨料分布，表明粗骨料在管道内分布不均，流体相与粗骨料组成的固-液两相体系在管道内均质性较差。但是，管道底部粗骨料的速度并不为0，最小值为0.007 m/s，表明粗骨料与管壁之间存在相对运动和摩擦，同时由于管道底部将受到粗骨料床层浮重的挤压作用，因此根据式（5-7）推测粗骨料会对管道底部造成较为严重的磨损。

C　实验组和对照组1流场对比

对比以上结果，实验组的流体相体积分数和颗粒相体积分数在管道截面上分布非常均匀，流体相和颗粒相速度场呈轴对称分布，表现为柱塞流特征；对照组1流体相体积分数在管道顶部最大、颗粒相体积分数在管道底部最大，流体相和颗粒相速度场呈非轴对称分布，粗骨料在管底表现为滑动床特征。

实验组和对照组1的粗骨料粒径均为3~6 mm，平均粒径为4.5 mm，上限粒径d_{95}为5.5 mm，体积分数为12.4%。唯一区别是实验组流体相的流变参数和密度比对照组1更大。根据图4-12（或式（2-7））中建立的流体相能够承载的上限粒径与流体相屈服应力的函数关系，上限粒径5.5 mm时流体相的屈服应力最小应为38.7 Pa。实验组的流体相屈服应力为107.4 Pa，远大于38.7 Pa，因此能很好地承载粗骨料，流体相和颗粒相在管道中的分布都很均匀。而对照组1的流体相屈服应力仅为37.4 Pa，小于38.7 Pa，因此不能很好地承载粗骨料，导致粗骨料往管道底部沉积。以上是实验组和对照1流场特征差异较大的根本原因。根据以上分析，对于对照组1这种流体相（高浓度全尾砂料浆）流变参数较小的情况，为避免粗骨料在管底呈现滑动床特征，最有效的方法就是降低粗骨料粒径。建议采用式（2-7）对高浓度全尾砂料浆的上限承载粒径进行计算，且剪切阻力系数C取较小值1.2以使结果偏安全。

5.3.2　管道磨损深度分布规律

实验组和对照组1的管道磨损深度的分布特征如图5-12所示。

由图5-12（a）可知，实验组的管道底部磨损深度最大，管道顶部的磨损深度最低，而管道两侧的磨损深度处于两者之间。这是因为，尽管尾砂、水和水泥组成的流体相屈服应力达到107.4 Pa，但粗骨料与流体相组成的固-液两相体系仍然不是严格的均质流，粗骨料在管道底部的体积分数稍大于在管道顶部的体积分数（见图5-7），这导致管道底部的磨损深度最大。

由图5-12（b）可知，对照组1的管道底部的磨损深度最大，管道两侧的磨损深度次之，管道顶部无磨损。这是因为尾砂、水和水泥组成的流体相屈服应力37.4 Pa，无法有效承载粗骨料，粗骨料与流体相组成的固-液两相体系均质性

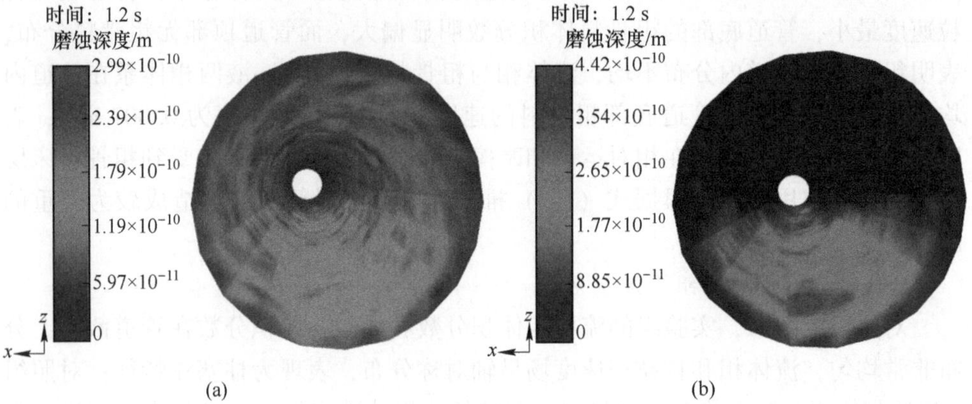

图 5-12 管道磨损深度分布特征
（a）实验组；（b）对照组 1

差，粗骨料在管道底部的体积分数明显大于在管道顶部的体积分数，并且管道顶部无粗骨料分布（见图 5-11），这导致管道底部的磨损深度最大，而管道顶部无磨损。需要注意的是，数值模拟时将尾砂、水和水泥简化成了流体相，实际的充填管道顶部虽然无粗骨料分布但可能有尾砂颗粒分布，尾砂颗粒也会对管道造成磨损。

对比图 5-12（a）和图 5-12（b）可知，实验组和对照组 1 管道磨损的共同点是，管道底部的磨损深度最大，管道顶部的磨损深度最小，而管道两侧的磨损深度处于两者之间。因此，有必要对充填管道采取翻转措施，以避免管道底部的过早磨损失效。实验组和对照组 1 管道磨损的不同之处是，实验组的掺粗骨料高浓度全尾砂料浆对管道上、下、左、右磨损的差异性很小，更多表现为均匀磨损，这得益于其在管道内流动时表现为柱塞流特征（尽管并非严格的均质流）。对照组 1 的掺粗骨料高浓度全尾砂料浆对管道上、下、左、右的磨损差异性很大，更多表现为非均匀的局部磨损，这主要是其在管道内流动时表现为滑动床特征（见图 5-10）。以 1.2 s 时模拟结果为例，实验组管道底部累计磨损深度为 2.99×10^{-10} m，对照组 1 管道底部累计磨损深度为 4.42×10^{-10} m，表明滑动床造成的局部磨损比柱塞流造成的均匀磨损要严重得多。

5.3.3 粗骨料对管道作用力的规律

5.3.3.1 实验组粗骨料对管道作用力的规律

掺粗骨料高浓度全尾砂料浆在管道内呈柱塞流时（实验组），在管壁法向上，所有流经管道的粗骨料对管壁的累计作用力和累计接触能量如图 5-13 所示。

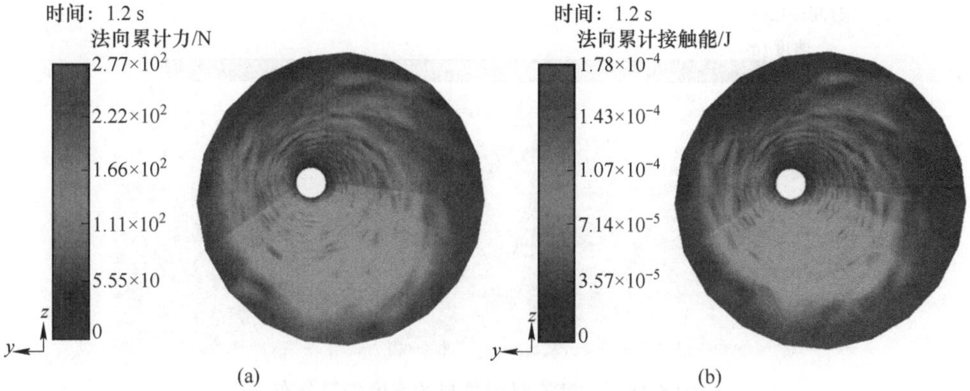

图 5-13 柱塞流时粗骨料对管壁的法向作用

（a）累计作用力；（b）累计接触能量

掺粗骨料高浓度全尾砂料浆在管道内呈柱塞流时（实验组），在管壁切向上，所有流经管道的粗骨料对管壁的累计作用力和累计接触能量如图 5-14 所示。

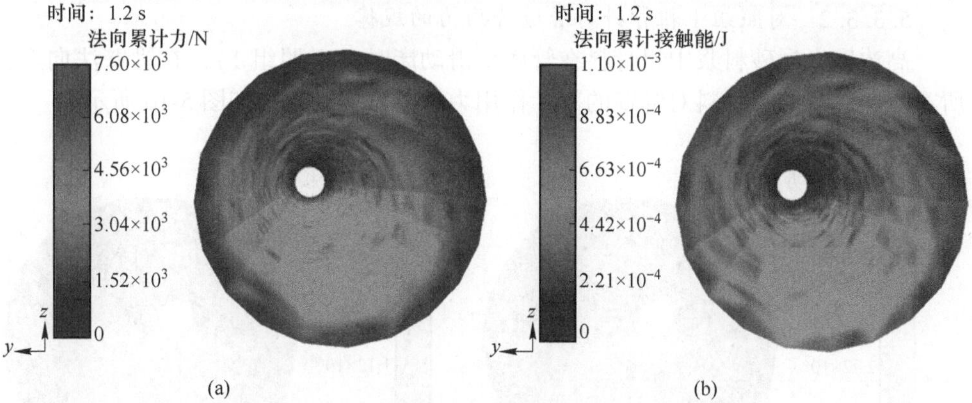

图 5-14 柱塞流时粗骨料对管壁的切向作用

（a）累计作用力；（b）累计接触能量

对比图 5-13 和图 5-14 可知，所有流经管道的粗骨料对管壁的累计切向作用力明显大于累计法向作用力，所有流经管道的粗骨料与管壁的累计切向接触能量明显大于累计法向接触能量，表明粗骨料对管壁的磨损作用形式是以小角度的切向刮擦为主，这也可以通过粗骨料的速度矢量箭头方向加以证明，如图 5-15 所示。

由图 5-15 可知，大部分粗骨料的速度矢量方向平行于管壁方向，小部分粗骨料的速度矢量方向与管壁呈小角度（小于 5°）相交，没有粗骨料与管壁呈大角度相交，这表明高浓度全尾砂料浆中的粗骨料与管壁的相互作用形式主要是小角度的切向刮擦。

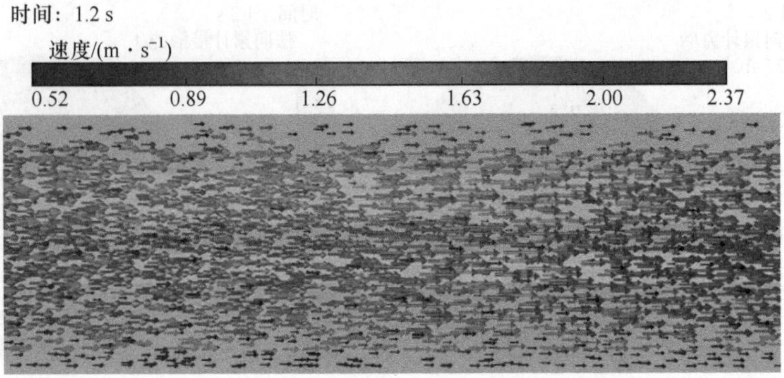

图 5-15 柱塞流时粗骨料的速度矢量分布

结合图 5-12（a）和图 5-14 可知，粗骨料与管壁接触能量较大的区域也是磨损深度较大的区域。粗骨料与管壁接触能量与其质量和速度有关，流速等其他因素一定的时候，减小粗骨料粒径可减小粗骨料与管壁接触能量，进而降低管道磨损深度。

5.3.3.2 对照组 1 粗骨料对管道作用力的规律

高浓度全尾砂料浆中粗骨料在管底呈滑动床时（对照组 1），在管壁法向上，所有流经管道的粗骨料对管壁的累计作用力和累计接触能量如图 5-16 所示。

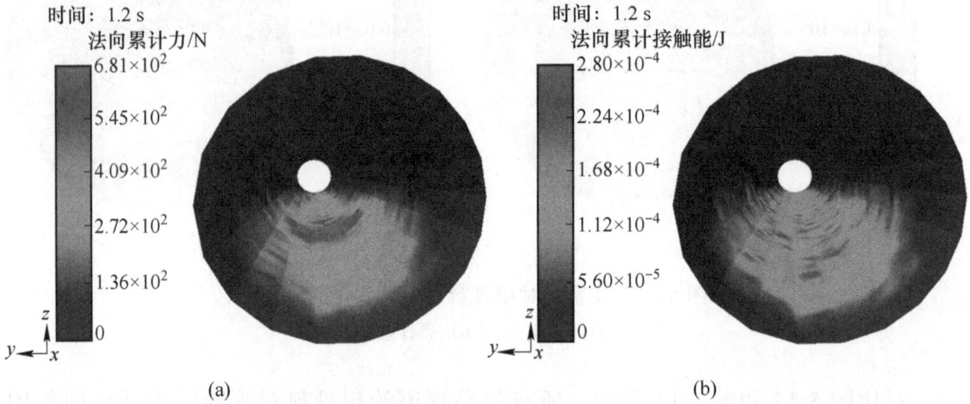

图 5-16 滑动床时粗骨料对管壁的法向作用

（a）累计作用力；（b）累计接触能量

高浓度全尾砂料浆中粗骨料在管底呈滑动床时（对照组 1），在管壁切向上，所有流经管道的粗骨料对管壁的累计作用力和累计接触能量如图 5-17 所示。

对比图 5-16 和图 5-17 可知，所有流经管道的粗骨料对管壁的累计切向作用力明显大于累计法向作用力，所有流经管道的粗骨料与管壁的累计切向接触能量

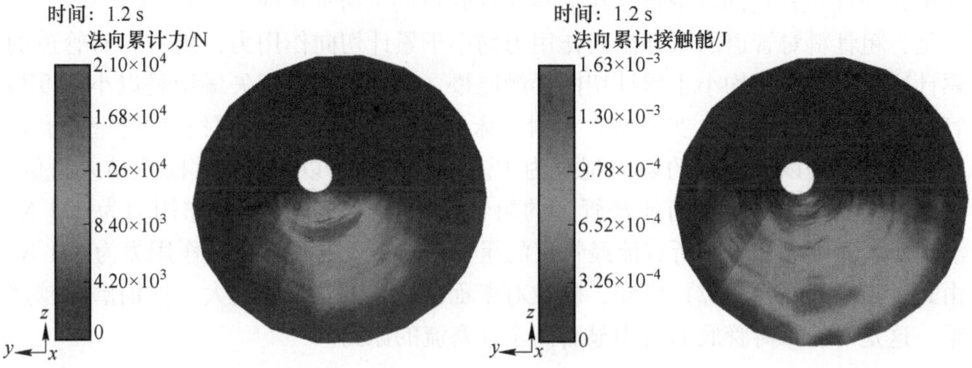

(a) (b)

图 5-17 滑动床时粗骨料对管壁的切向作用

（a）累计作用力；（b）累计接触能量

明显大于累计法向接触能量，表明粗骨料对管壁的磨损作用形式是以小角度的切向刮擦为主，这也可以通过粗骨料的速度矢量箭头方向加以证明，如图 5-18 所示。

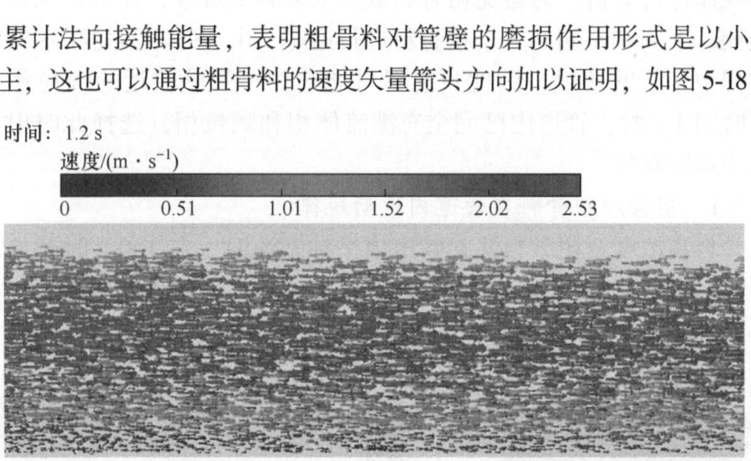

图 5-18 滑动床时粗骨料的速度矢量分布

由图 5-18 可知，大部分粗骨料的速度矢量方向平行于管壁方向，小部分粗骨料的速度矢量方向与管壁呈小角度（小于 5°）相交，这表明粗骨料与管壁的相互作用形式主要是小角度的切向刮擦。同时，管底有部分粗骨料的运动矢量方向与管道轴向呈约 45°的大角度相交，表明其在管道底部做横向运动，这相当于加大了在管道内的磨损距离，变相增加了对管道的磨损。

结合图 5-12（a）和图 5-17 可知，粗骨料与管壁接触能量较大的区域也是磨损深度较大的区域。粗骨料与管壁接触能量与其质量和速度有关，流速等其他因素一定的时候，减小粗骨料粒径可减小粗骨料与管壁接触能量，进而降低管道磨损深度。

5.3.3.3 实验组和对照组 1 异同点分析

对管道作用力方面，掺粗骨料的高浓度全尾砂料浆在管道内呈柱塞流时（实验组）与掺粗骨料的高浓度全尾砂料浆在管道内呈滑动床时（对照组 1）的共同点是，粗骨料对管道的累计法向作用力均小于累计切向作用力，粗骨料对管道的累计法向接触能量均小于累计切向接触能量，粗骨料的速度矢量均是以小角度与管壁相交。即柱塞流（实验组）和滑动床（对照组 1）中的粗骨料对管壁的磨损作用形式都是以小角度的切向刮擦为主。不同的是，以 1.2 s 时模拟结果为例，柱塞流（实验组）中所有流经管道的粗骨料对管壁的累计法向作用力为 277 N，滑动床（对照组 1）中所有流经管道的粗骨料对管壁的累计法向作用力为 681 N。由式（2-8）或式（5-7）可知，颗粒对壁面的法向压力 F_N 越大，壁面磨损越严重，这是滑动床对管底的磨损显著高于柱塞流的原因。

5.3.4　粗骨料在管道内运动规律

粗骨料对管道的磨损作用与粗骨料的运动规律有关，因此对粗骨料在管道内部的运动规律进行分析。为避免粗骨料数量太多影响观察，在管道入口处挑选靠近管壁上侧、下侧和左侧的 3 个粗骨料进行追踪。由于并不清楚哪些颗粒会在后续运动过程中与管壁接触，因此只能尽可能选择离管壁较近的颗粒作为示踪颗粒。计算时间 1 s 时，管道内已完全充满流体相和颗粒相，选择此时射入管道内的颗粒作为示踪颗粒。

5.3.4.1　实验组粗骨料在管道内运动规律

掺粗骨料高浓度全尾砂料浆在管道内呈柱塞流时，在 1.0 s 时开始对示踪颗粒进行追踪，直至其流出管道。粗骨料示踪颗粒及其运动轨迹如图 5-19 所示。

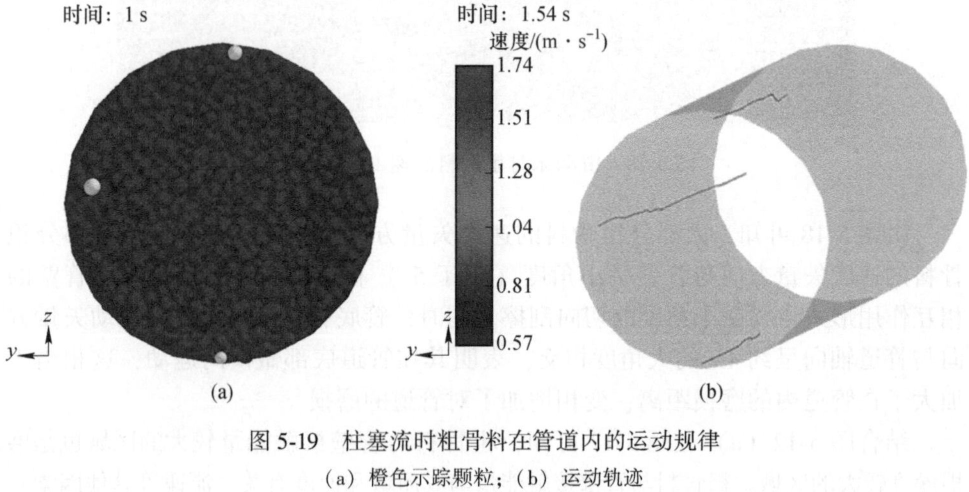

图 5-19　柱塞流时粗骨料在管道内的运动规律

（a）橙色示踪颗粒；（b）运动轨迹

由图 5-19 可知，随流动时间的增大，管道左侧示踪颗粒在垂直方向上有轻微的下行，在水平方向上往管道中心运移；管道顶部示踪颗粒在垂直方向上也有轻微的下行，横向运动不明显；管道底部示踪颗粒在垂直方向上有上行趋势，但处于波动之中，横向运动不明显。

为更精确描述示踪颗粒在管道内的运移情况，对其坐标进行统计。对于管道底部示踪颗粒，考察其与底部管壁的垂直距离，如图 5-20 所示。对于管道左侧示踪颗粒，考察其与左侧管壁的水平距离，如图 5-21 所示。对于管道顶部示踪颗粒，考察其与顶部管壁的垂直距离，如图 5-22 所示。同时对示踪颗粒的旋转速度进行统计。

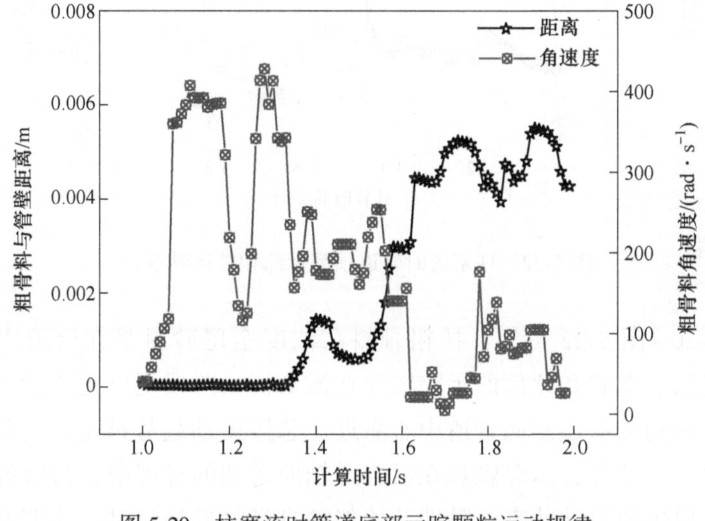

图 5-20　柱塞流时管道底部示踪颗粒运动规律

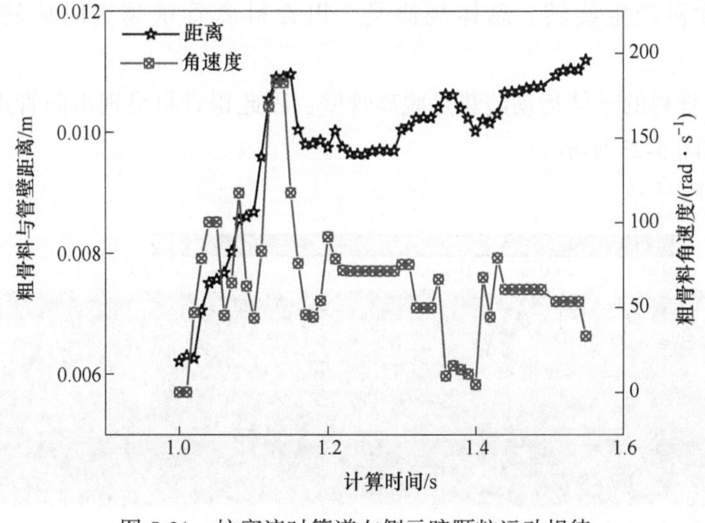

图 5-21　柱塞流时管道左侧示踪颗粒运动规律

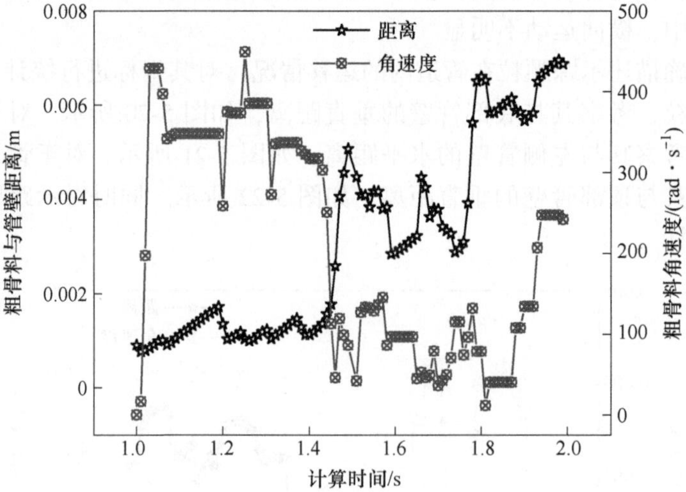

图 5-22　柱塞流时管道顶部示踪颗粒运动规律

由图 5-20～图 5-22 可知，掺粗骨料高浓度全尾砂料浆在管道内呈柱塞流时，管道底部、左侧和顶部的示踪颗粒在流动初始阶段更贴近于管壁，随着在管内流动距离的增加逐渐向管道中心靠近，总体运动趋势都是远离管壁，但是处于波动之中。此外，示踪颗粒在沿管道轴向运动的过程中，初始角速度为 0，表明其处于单纯的滑动状态；随即开始伴随自身的旋转运动，表明其处于滚动状态，这是因为管壁附近粗骨料的上下两侧流体相存在速度差（见图 5-4），进而使粗骨料产生旋转。总体规律是，粗骨料离管壁越近时旋转的角速度越大。

由于粗骨料的整体运动趋势是脱离管壁，因此粗骨料呈现出向管道中心集中的现象，如图 5-23 所示。

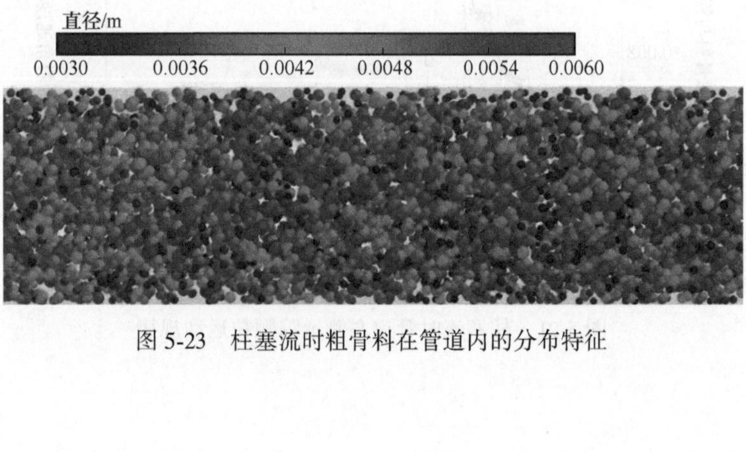

图 5-23　柱塞流时粗骨料在管道内的分布特征

由图 5-23 可知，粗骨料在管道内整体上呈轴向对称分布，大直径的粗骨料（红色颗粒）更加靠近管道中心，管壁附近全部是小直径的粗骨料（绿色和蓝色颗粒），表明大直径的颗粒受到的剪切诱导迁移作用更大。据此可进行合理推论：真实的掺粗骨料高浓度全尾砂料浆，管壁附近主要是尾砂细颗粒和小粒径的粗骨料，管壁处是稀薄的滑移层，这有利于降低管道磨损。

由于颗粒向管道中心迁移（图 5-23）的减磨效应无法完全抵消管底颗粒密集度比其他部位稍大（图 5-7）导致的增磨效应，因此掺粗骨料高浓度全尾砂料浆在管道内呈柱塞流时管道底部磨损程度仍然比两侧和顶部稍严重（见图 5-12（a））。

5.3.4.2 对照组 1 粗骨料在管道内运动规律

掺粗骨料高浓度全尾砂料浆在管道内呈滑动床时，在 1.0 s 时开始对示踪颗粒进行追踪，直至其流出管道。粗骨料示踪颗粒及其运动轨迹如图 5-24 所示。由图 5-24 可知，随流动时间的增大，管道左侧示踪颗粒在垂直方向上有显著的下行，在水平方向上处于波动之中；管道顶部示踪颗粒在垂直方向上也有显著的下行，横向运动幅度较小；管道底部示踪颗粒在垂直方向上呈连续的上行、下行运动，同时有大幅度的 S 形横向运动。管道底部粗骨料的大幅度横向移动，加大了其对管壁的磨损长度，进而加重管道底部的磨损程度。

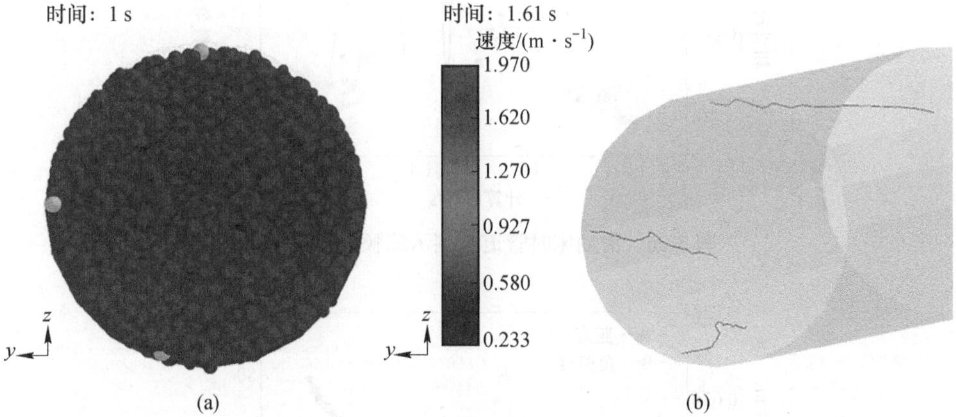

图 5-24 滑动床时粗骨料在管道内的运动规律
（a）橙色示踪颗粒；（b）运动轨迹

为更精确描述示踪颗粒在管道内的运移情况，对其坐标进行统计。对于管道底部示踪颗粒，考察其与底部管壁的垂直距离，如图 5-25 所示。对于管道左侧示踪颗粒，考察其与左侧管壁的水平距离，如图 5-26 所示。对于管道顶部示踪颗粒，考察其与顶部管壁的垂直距离，如图 5-27 所示。同时，对示踪颗粒的旋转速度进行统计。

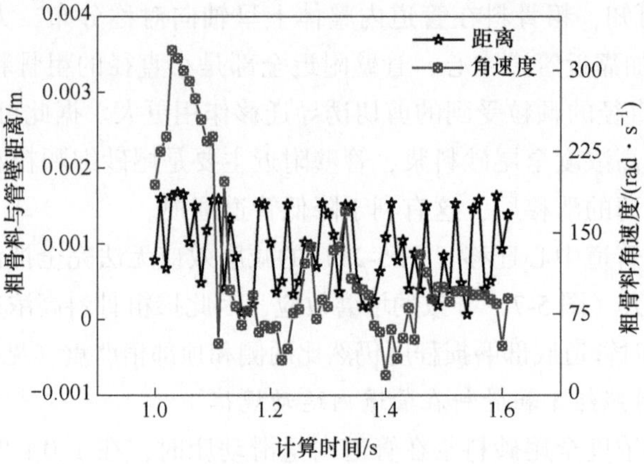

图 5-25　滑动床时管道底部示踪颗粒运动规律

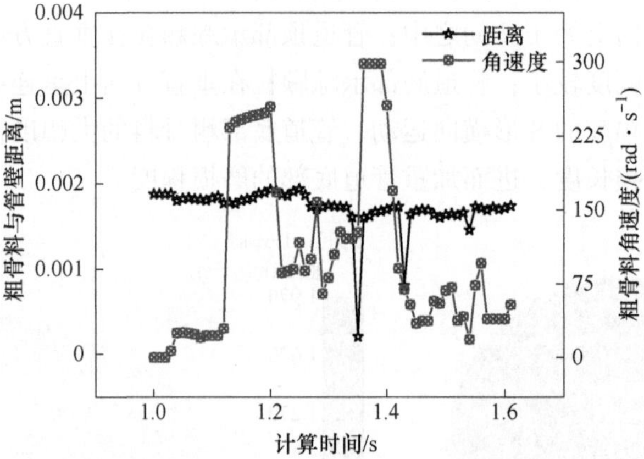

图 5-26　滑动床时管道左侧示踪颗粒运动规律

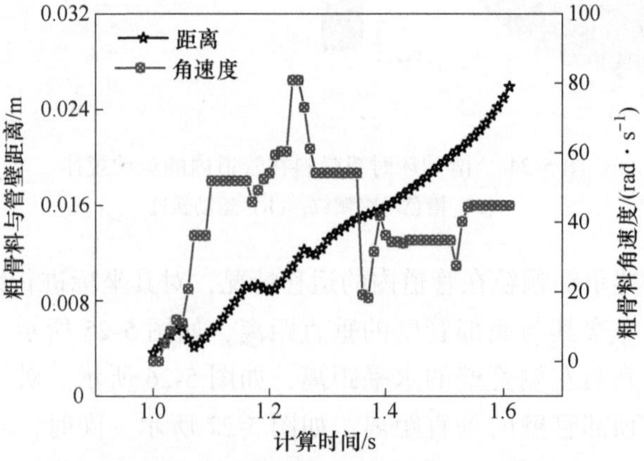

图 5-27　滑动床时管道顶部示踪颗粒运动规律

由图 5-25～图 5-27 可知，掺粗骨料高浓度全尾砂料浆在管道内呈滑动床时，随流动时间的增大，管道底部示踪颗粒与管壁距离呈现周期性增加和降低，左侧示踪颗粒整体上呈波动状态远离管壁，顶部示踪颗粒大幅度地远离管壁。此外，示踪颗粒在沿管道轴向运动的过程中，初始角速度为 0，表明其处于单纯的滑动状态；随即开始伴随自身的旋转运动，表明其处于滚动状态，这是因为管壁附近粗骨料的上下两侧流体相存在速度差（见图 5-8），进而使粗骨料产生旋转。总体规律是，粗骨料离管壁越近时旋转的角速度越大。

由于上部粗骨料的整体运动趋势是大幅度脱离管壁，因此粗骨料呈现出向管道底部集中的现象，如图 5-28 所示。

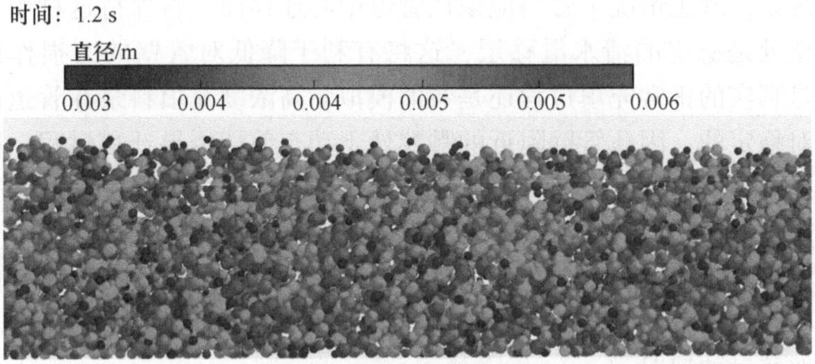

图 5-28 滑动床时粗骨料在管道内的分布特征

由图 5-28 可知，粗骨料在管道内整体上呈非对称分布，管道上部无粗骨料分布，全部是由水、尾砂和水泥组成的流体相，粗骨料集中在管道中下部。同时，较大直径的粗骨料（红色和绿色颗粒）更加靠近管道底部，小直径的粗骨料（蓝色颗粒）较少，这会加重管道底部的磨损。

由于颗粒向管道底部集中（见图 5-28），因此掺粗骨料高浓度全尾砂料浆在管道内呈滑动床时管道底部磨损最为严重且与顶部和两侧磨损深度差异较大（见图 5-12（b））。这与掺粗骨料高浓度全尾砂料浆在管道内呈柱塞流时管道底部磨损比两侧和顶部稍大（见图 5-12（a））的成因有本质区别。

5.3.4.3 实验组和对照组 1 异同点分析

在粗骨料运动规律方面，掺粗骨料高浓度全尾砂料浆在管道内呈柱塞流时（实验组）与掺粗骨料高浓度全尾砂料浆在管道内呈滑动床时（对照组 1）的共同点是，管道顶部颗粒往管底方向运动导致管底固相浓度更大；壁面附近的颗粒都不是始终紧贴管壁，而是呈跳跃式曲线运动与壁面呈小角度刮擦，颗粒与管壁接触时伴随滑滚运动。不同点是，掺粗骨料的高浓度全尾砂料浆在管道内呈柱塞流时（实验组），固体颗粒整体上向管道中心集中，管道中心处为大颗粒而管壁处为小颗粒；掺粗骨料的高浓度全尾砂料浆在管道内呈滑动床时（对照组 1），固体颗粒整体上向管道底部集中，管道底部为大颗粒。

5.3.5　高浓度全尾砂料浆中骨料对管壁的机械磨损机制

将高浓度全尾砂料浆中粗骨料的运动规律扩展到尾砂颗粒，进而分析高浓度全尾砂料浆中所有骨料对管壁的机械磨损机制。由于滑动床工况是需要尽量避免的（主要手段是降低粗骨料粒径或增大高浓度全尾砂料浆的流变参数），因此主要对柱塞流工况进行分析。

高浓度充填料浆中骨料在管道入口处几乎是贴于管壁的，在随流体相沿管道往前运动的过程中，受到剪切诱导迁移的作用而逐渐向管道中心迁移。按照剪切诱导迁移理论，理想情况下骨料应该往管道中心迁移而一直保持这种脱离管壁的状态，管壁处是稳定的清水滑移层，这将有利于降低对管壁的磨损作用。实际上，不管是真实的正常充填过程还是数值模拟，高浓度充填料浆在管道内的流动都不是绝对稳定的，因此管壁附近的颗粒处于动态剪切诱导迁移过程，固体颗粒会因管壁处的高剪切应力而向管道中心迁移（见图 5-29（a）)，远离管壁的颗粒也可能会因高浓度充填料浆流动不稳定而向管壁迁移（见图 5-29（b)），导致颗粒既不是始终贴于管壁，也不是始终脱离管壁，其运动轨迹类似于正弦曲线，以一定周期与管壁进行接触-摩擦，进而导致管道磨损，但磨损程度又远小于颗粒始终与管壁接触的情况。

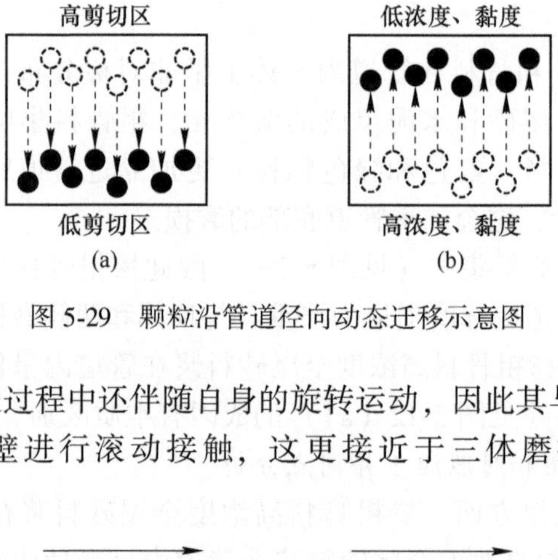

图 5-29　颗粒沿管道径向动态迁移示意图

骨料在管道输送过程中还伴随自身的旋转运动，因此其与管壁接触时不是单纯的滑动，还与管壁进行滚动接触，这更接近于三体磨损，如图 5-30（b）所示。

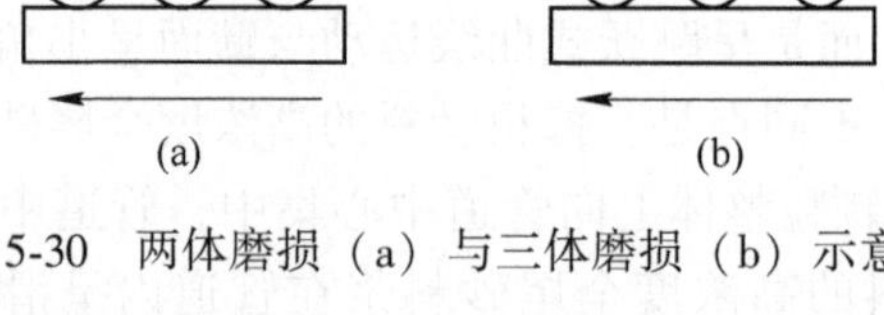

图 5-30　两体磨损（a）与三体磨损（b）示意图

根据统计数据[74]，采用相同的磨料时，只滑动不滚动的两体磨损（见图5-30（a））的磨损系数是 $2\times10^{-2}\sim2\times10^{-1}$，既滑动又滚动的三体磨损的磨损系数是 $10^{-3}\sim10^{-2}$，磨损系数越高代表磨损越严重。因此，高浓度充填料浆中固体颗粒在管壁上进行滑滚运动比单纯的滑动造成的磨蚀磨损要小得多。

根据以上分析，可绘制高浓度充填料浆中骨料对光滑管壁的接触–磨损机制概化图，如图5-31所示。

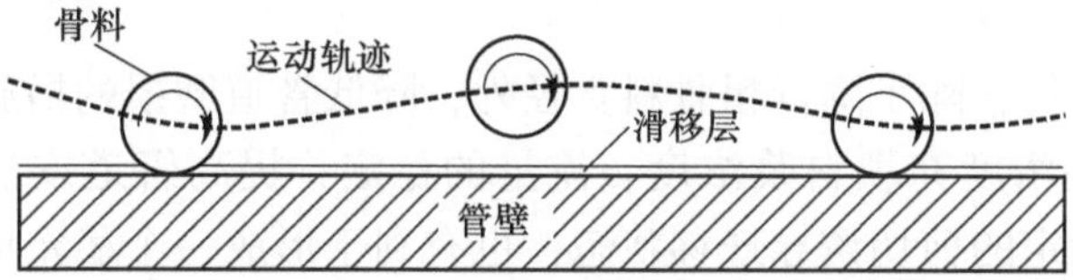

图5-31 高浓度充填料浆中骨料对光滑管壁的接触–磨损机制概化图

由于加工和运行条件的影响，高浓度充填料浆输送管道内壁总是粗糙不平的，粗糙突出的平均高度在水力学中称为绝对粗糙度。对于矿山充填常用的无缝钢管，新管的绝对粗糙度为 10~300 μm[207]，相当于管道内壁存在细观或宏观的金属突峰。现场观察发现，充填管道长期使用后内壁金属突峰的高度可达 1~3 mm，如图5-32所示。

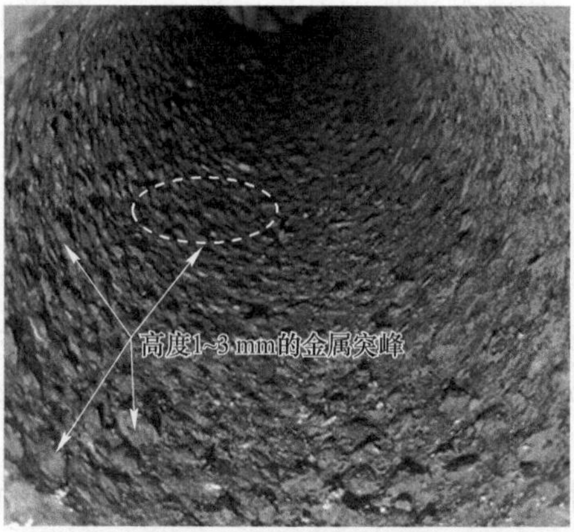

图5-32 长期使用后管道内壁遍布金属突峰

第4章研究表明，（掺粗骨料）高浓度全尾砂料浆的滑移层厚度为 3.6~11.5 μm，明显小于充填管道内表面金属突峰的高度，因此金属突峰会穿透滑移层。与光滑管壁相比，高浓度充填料浆中的固体颗粒在输送过程中会受到管壁上金属突峰的切向阻碍，相当于增加了颗粒与管壁的接触概率，进而会加重管道磨损程度。

根据以上分析，可绘制高浓度充填料浆中骨料对粗糙管壁的接触–磨损机制概化图，如图 5-33 所示。

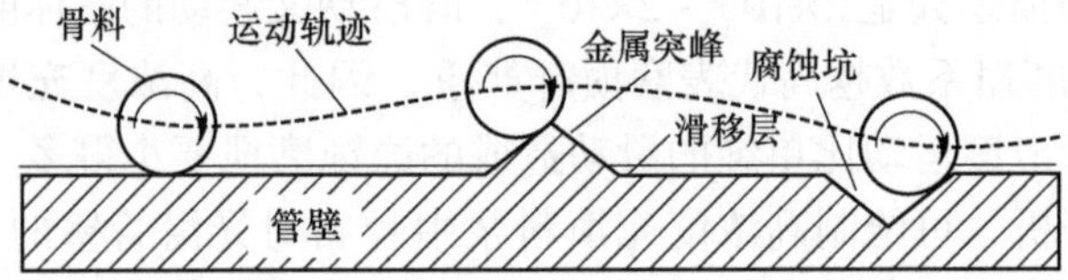

图 5-33　高浓度充填料浆中骨料对粗糙管壁的接触-磨损机制概化图

综合以上分析，除了降低粗骨料直径外，降低管道磨损的措施还包括：

（1）确保高浓度充填料浆浓度、流量的稳定，提高管道安装质量等，有利于使颗粒处于稳定的剪切诱导迁移状态，也有利于形成一个稳定的滑移层，对充填管道的减阻和减磨都有积极作用。

（2）改进管材制造工艺，减少因钢材组织的不均匀腐蚀而形成腐蚀坑（见图 2-20），最终降低管道内壁粗糙度。

（3）充填浓度不宜太高。高浓度充填料浆管输过程中滑移层的作用与机械润滑领域的“边界润滑”的作用非常类似，即润滑层的厚度虽然不足以避免两个机械表面的突峰进行接触，但仍有良好的润滑性能，可减少机械零件表面间的摩擦和磨损。第 4 章研究表明，其他条件固定时，高浓度充填料浆的浓度越高滑移层厚度越小，颗粒与管壁之间的润滑作用就越小，管道磨损将越严重。因此，充填浓度不宜过高，如果大于极限浓度，那颗粒与管壁之间将完全失去润滑，颗粒将与管壁接近于干摩擦，导致严重的管道磨损。

5.4　本章小结

本章采用 CFD-DEM 耦合方法对掺粗骨料高浓度全尾砂料浆在水平直管道中的流动和管道磨损情况进行模拟，根据粗骨料的运移规律来解释其对管道的磨损机制，主要结论如下：

（1）管道机械磨损与管内流体压强无关，验证了 4. 3. 1 节的理论分析结果。管内流体压强 0. 1 MPa、5. 0 MPa 和 10. 0 MPa 对应的磨损速率分别为 0. 745 mm/a、0. 742 mm/a 和 0. 758 mm/a，压强从 0. 1 MPa 增加到 10. 0 MPa 时，磨损速率先降低后增加，管道磨损速率仅相差 0. 013 mm/a，这种极微小差异由数值计算不稳定造成。

（2）高浓度全尾砂料浆对粗骨料的承载能力充足时固-液两相体系在管道内呈柱塞流，管道四周磨损更均匀；全尾砂料浆承载力不足时粗骨料在管道底部呈滑动床，管道四周磨损均匀性差。建议采用式（2-7）对高浓度全尾砂料浆的上限承载粒径进行计算，且剪切阻力系数 C 取较小值 1. 2 以使结果偏安全，尽量避免输送大于上限粒径的粗骨料。

(3) 滑动床时，高浓度全尾砂料浆中粗骨料对管壁的法向压力远大于柱塞流，导致滑动床对管道底部的磨损比柱塞流时更严重。滑动床和柱塞流时粗骨料与管壁的切向接触能量都明显大于法向接触能量，粗骨料对管壁的磨损作用主要是小角度的切向刮擦。粗骨料在管壁附近的运动轨迹类似正弦曲线，并非一直与管壁进行接触摩擦，与管壁接触时并非单纯的滑动而是还伴随滚动。这两方面都有利于降低管道磨损速率。

(4) 柱塞流时，高浓度全尾砂料浆中的粗骨料因剪切诱导迁移作用整体上向管道中心集中，大直径的粗骨料更加靠近管道中心，管壁附近全部是小直径的粗骨料，有利于降低管道磨损。由于颗粒向管道中心迁移的减磨效应无法完全抵消管底颗粒密集度比其他部位稍大导致的增磨效应，因此管道底部磨损比两侧和顶部稍大。

(5) 滑动床时，高浓度全尾砂料浆中的粗骨料整体上向管道底部集中，大直径的粗骨料更加靠近管道底部，管道底部磨损最为严重且与顶部和两侧磨损深度差异较大。这与柱塞流时管道底部磨损比两侧和顶部稍大的成因有本质区别。

(6) 根据数值模拟结果进行合理推论，降低粗骨料粒径、确保充填浓度和流量的稳定、改进管道制造工艺以降低管道粗糙度和减少不均匀腐蚀坑、采用适宜的充填浓度都有助于降低管道磨损。

6 充填管道磨损防控技术及磨损预测模型验证

本章以某铅锌矿在高浓度全尾砂料浆中添加粗骨料来调节采充平衡为工程背景，将研究得出的掺粗骨料高浓度全尾砂料浆充填因素对管道磨损的影响规律、高浓度充填料浆管输沿程阻力模型和充填管道磨损速率预测模型等成果进行应用和检验。首先，开展强度实验和流变实验，结合壁面滑移修正的 Buckingham 阻力公式和第 3 章磨损实验的研究结果，按照“满足充填体强度-满足自流输送且垂直管道满管率较高-水平管道磨损较低”的优先级确定充填配比，对矿山充填流速、粗骨料粒径、充填浓度和粗骨料含量等参数提出建议。其次，提出同时考虑充填管道磨损速率和不同地段管道承压需求的四步骤翻管技术，克服矿山以往靠经验翻管的缺点，延长充填管道使用寿命。最后，根据现场实测的充填管道磨损数据对第 4 章提出的磨损预测唯象模型的可靠性进行检验并分析其误差来源。

6.1 某铅锌矿工程概况

6.1.1 矿山简介

某铅锌矿平均品位最高达 28%，矿体厚度可达 30 m，目前生产规模为 66 万吨/年。矿山主体采矿方法为下向进路充填法，阶段高度为 60 m，分段高度为 12 m，分层高度为 3 m。进路宽度和高度均为 3 m，采用“隔一采一”的方式进行回采，采空区全部进行胶结充填。矿山充填已实现尾砂 100%利用，因此不设尾矿库。由于矿石品位高，尾砂产率较低，矿山有时还需在高浓度全尾砂充填料浆中添加一部分粗骨料，即以粗骨料来调节采充平衡。尾砂充足而空区较少时不加粗骨料。

该铅锌矿目前采用充填料浆自流输送工艺。首先，选厂低浓度全尾砂浆进入深锥浓密机后，经絮凝沉降后得到浓度 73%～75%的高浓度底流。底流与水泥、粗骨料经两级搅拌后制备成高浓度的充填料浆，充填料浆经垂直管道进入井下充填管道，最终进入进路采空区。

6.1.2 充填管网系统布置

井下充填管网系统主要由垂直管道、水平管道、倾斜管道和连接弯管组成，如图 6-1 所示，管道内径均为 150 mm。

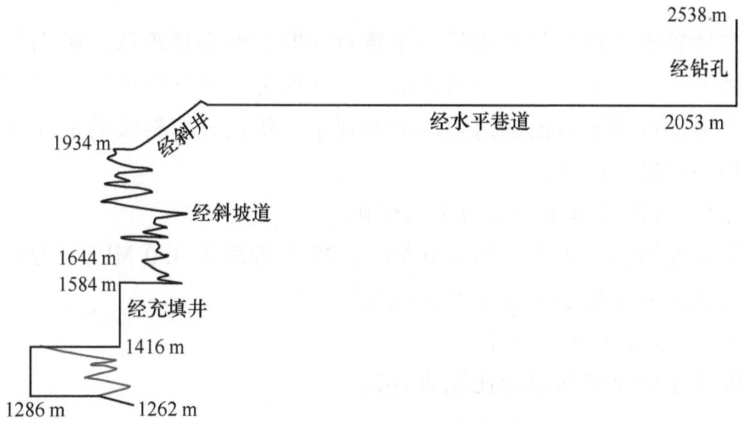

图 6-1　充填管网系统布置

根据充填管道走向及长度，统计得到矿山充填倍线，如表 6-1 所示，可用于后续自流输送分析。

表 6-1　矿山充填倍线统计

位置	垂高/m	总长/m	充填倍线	备注
地表-2053	485	2500	5.15	
地表-1934	604	2920	4.83	
地表-1584	954	5540	5.81	
地表-1416	1122	6028	5.37	
地表-1286	1252	7081	5.66	经斜坡道
地表-1286	1252	6335	5.06	经充填井

6.2　充填管道磨损防控技术

根据第 3 章研究，管道磨损与高浓度充填料浆的浓度、流速、粗骨料含量和粗骨料粒径等因素有关。根据第 5 章研究，掺粗骨料高浓度全尾砂充填料浆在管内不管是呈柱塞流还是呈滑动床，管道底部的磨损均要大于管道顶部和两侧，有必要采取管道翻转措施以避免管道底部的过早磨损失效。因此，本章提出的充填管道磨损防控技术主要由两部分组成，即考虑管道减磨的充填配比优化和管道翻转技术。

6.2.1　考虑管道减磨的充填配比

尽管充填管道的磨损是矿山的一个重点问题，但必须承认，矿山首要关注的还是充填体的强度和充填料浆的自流输送。在保证充填体强度符合采矿方法要求和充填料浆流动性满足自流输送要求的前提下，优化充填料浆的配比来降低输送管道的磨损是最经济的方式。

6.2.1.1　满足充填体强度的充填配比

矿山要求充填体 7 天强度为 2.0 MPa，28 天强度为 4.0 MPa。为此开展强度实验，得出满足充填体强度要求的充填配比。

A　高浓度全尾砂充填料浆

高浓度全尾砂充填料浆配比见表 6-2。

表 6-2　高浓度全尾砂充填料浆配比表

序号	浓度/%	砂灰比	7 d 强度/MPa	28 d 强度/MPa
1	74	4.3	2.7	4.1
2	75	4.8	2.7	4.0
3	76	5.2	2.9	4.1
4	77	5.6	3.0	4.2
5	78	6.2	3.0	4.1

B　掺粗骨料高浓度全尾砂充填料浆

井下空区较多时，需在高浓度全尾砂充填料浆中添加一部分粗骨料。根据采充平衡计算，确定粗骨料最大添加量为 20%。

a　粗骨料粒径控制

第 3 章研究表明，粗骨料粒径对高浓度充填料浆流变参数影响很弱，但随着粗骨料粒径增大磨损速率呈对数函数增长，且粗骨料粒径大至一定程度后容易沉降对管道底部造成严重磨损或者堵管事故。此外，粗骨料粒径越大在洗管过程中对管道的冲蚀磨损越严重。因此，应尽量控制粗骨料粒径。充填材料一般都是就地取材，调节颗粒粒径的主要方法是通过筛分去除大尺寸颗粒。该矿山以前的粗骨料格筛孔尺寸为 40 mm，其依据是管道直径应为粗骨料最大直径的 3~5 倍以防止管道堵塞，筛上物料二次破碎后继续用于充填。根据现场测定，99.4%的粗骨料粒径在 5 mm 以下，因此建议将粗骨料格筛孔的尺寸降低为 10 mm，既能保证粗骨料在充填料浆制备时的顺畅下溜，又能过滤掉大块粗骨料来降低正常充填和洗管时的管道磨损。由于粒径为 10 mm 以上粗骨料较少，因此筛上物料和二次破碎量在现有基础上并不会明显增多。

b 充填配比

实验结果表明，粗骨料含量不大于20%时对充填体强度影响不显著，粗骨料含量变化仅对充填料浆流动性有较大影响。掺粗骨料后充填配比见表6-3。

表6-3 掺粗骨料高浓度全尾砂充填料浆

序号	浓度/%	砂灰比	粗骨料含量/%	7 d强度/MPa	28 d强度/MPa
1	74	4.0	≤20	3.2	4.1
2	75	5.0	≤20	2.6	4.1
3	76	5.6	≤20	2.5	4.1
4	77	6.2	≤20	2.5	4.0
5	78	6.7	≤20	2.6	4.1

6.2.1.2 自流输送分析

层流范畴内高浓度充填料浆流速（小于3 m/s）对管道磨损的影响并不显著，因此在搅拌机制备能力允许的情况下，可以尽量选择较大的充填流量，以提高充填效率。根据搅拌机制备能力，充填流量取100 m^3/h，正常充填时流速为1.57 m/s。相比以前60~80 m^3/h的充填流量，充填效率提高25%~66.7%。

自流输送以充填料浆自身的势能为动力克服管道沿程阻力，实现自流的条件是料浆在系统中具备的势能必须大于流经管道系统时克服沿程阻力所需消耗的能量，如式（6-1）所示。根据这一原则，对（掺粗骨料）高浓度全尾砂充填料浆进行自流输送分析。

$$\rho_m g H \geqslant (1+\alpha) i_m L + p_0 \tag{6-1}$$

式中，ρ_m为料浆密度，kg/m^3；g为重力加速度，取9.8 m/s^2；H为管道进出口的垂直高差，m；i_m为管道沿程阻力，Pa/m；α为局部阻力系数，参考《尾矿设施设计规范》（GB 50863—2013），取0.15；L为管道总长度，m；p_0为管道出口压强，取0.5×10^6 Pa[165]以提高自流输送的可靠性。

矿山需要充填的区域主要集中在1584 m及以下，最深充填区域为1286 m水平。采用第4章提出的壁面滑移修正的Buckingham阻力公式计算充填管道的实际沿程阻力，自流分析结果见表6-4~表6-8，实际充填倍线小于表中极限倍线时均可自流。第4章校验发现预测阻力比实测值平均偏大11%，因此考虑1.1的缩放系数，即在预测阻力基础上除以1.1。经检验，颗粒填充度均大于壁面滑移效应存在时的最小填充度0.756，即可以采用壁面滑移修正的Buckingham阻力公式进行相关计算。

表 6-4　高浓度全尾砂充填料浆自流输送分析

浓度/%	砂灰比	屈服应力/Pa	塑性黏度/(Pa·s)	滑移系数	缩放系数	沿程阻力/(Pa·m^{-1})	极限倍线	自流区域
76	5.2	58.2	0.304	0.89	1.1	2220	7.55	地表-1286
77	5.6	78.8	0.381	0.89	1.1	2967	5.72	地表-1584
78	6.2	94.4	0.460	0.91	1.1	3629	4.73	无法自流

由表 6-4 可知，全尾砂充填料浆浓度 76%时能从地表自流至 1286 充填区域，浓度 77%时只能从地表自流至 1584 充填区域。

表 6-5　掺 20%粗骨料高浓度全尾砂充填料浆自流分析

浓度/%	砂灰比	屈服应力/Pa	塑性黏度/(Pa·s)	滑移系数	缩放系数	沿程阻力/(Pa·m^{-1})	极限倍线	自流区域
76	5.6	19.5	0.285	0.89	1.1	1074	15.72	地表-1286
77	6.2	32.4	0.339	0.90	1.1	1555	10.99	地表-1286
78	6.7	49.8	0.407	0.91	1.1	2218	7.81	地表-1286

表 6-6　掺 15%粗骨料高浓度全尾砂充填料浆自流分析

浓度/%	砂灰比	屈服应力/Pa	塑性黏度/(Pa·s)	滑移系数	缩放系数	沿程阻力/(Pa·m^{-1})	极限倍线	自流区域
76	5.6	24.1	0.299	0.89	1.1	1226	13.74	地表-1286
77	6.2	37.3	0.355	0.89	1.1	1723	9.90	地表-1286
78	6.7	55.0	0.425	0.91	1.1	2400	7.20	地表-1286

表 6-7　掺 10%粗骨料高浓度全尾砂充填料浆自流分析

浓度/%	砂灰比	屈服应力/Pa	塑性黏度/(Pa·s)	滑移系数	缩放系数	沿程阻力/(Pa·m^{-1})	极限倍线	自流区域
76	5.6	33.1	0.313	0.88	1.1	1504	11.18	地表-1286
77	6.2	46.6	0.371	0.89	1.1	2015	8.45	地表-1286
78	6.7	64.5	0.442	0.91	1.1	2709	6.36	地表-1286

表 6-8　掺 5%粗骨料高浓度全尾砂充填料浆自流分析

浓度/%	砂灰比	屈服应力/Pa	塑性黏度/(Pa·s)	滑移系数	缩放系数	沿程阻力/(Pa·m^{-1})	极限倍线	自流区域
76	5.6	46.6	0.328	0.88	1.1	1910	8.79	地表-1286
77	6.2	60.4	0.387	0.89	1.1	2437	6.97	地表-1286
78	6.7	78.6	0.459	0.91	1.1	3153	5.45	地表-1584

由表 6-5~表 6-8 可知，掺粗骨料全尾砂充填料浆浓度 76%~78%时能从地表自流至 1286 充填区域。

根据第 3 章磨损实验结果，掺粗骨料（掺量≤25%）高浓度全尾砂充填料浆浓度 76%~78%时磨损速率较低；不掺粗骨料的高浓度全尾砂充填料浆浓度 76%时磨损速率最低。

根据上述强度实验、自流输送分析和磨损实验结果，推荐不掺粗骨料的全尾砂充填料浆浓度为76%，掺粗骨料（掺量≤20%）充填料浆浓度为78%，可同时满足充填体强度、采充平衡、自流输送（且垂直管道满管率较高，见后面计算）和管道磨损较低的要求。

6.2.2 考虑磨损速率和承压需求的管道翻转技术

由第 5 章数值模拟结果可知，高浓度全尾砂充填料浆屈服应力达到 107.4 Pa 时其与粗骨料组成的固-液两相体系也不是严格的均质流，导致管道底部磨损程度比管道两侧和顶部更严重。工程上的掺粗骨料高浓度充填料浆也难免有轻微沉降，管道底部磨损一般比顶部严重，因此使用一段时间后就需对管道进行翻面，将壁厚较大的部位旋转至底部继续使用，以延长管道使用寿命。矿山以往对管道进行翻转时没有考虑管壁的磨损速率，而是根据管道剩余壁厚和技术人员的经验来确定翻转周期。管道更换时也没有考虑不同地段对充填管道的承压需求，而是采用统一的管道剩余壁厚作为预警值，壁厚到达此预警值后即进行更换，低压地段的管道过早更换造成浪费。为克服上述缺陷，本书提出的管道翻转方法分为以下 4 个步骤：统计管道的万方磨损率、计算充填管网全长的压强分布、根据管道压强计算最小承压壁厚、计算管道翻转周期和更换周期，具体实施步骤如下。

6.2.2.1 统计充填管道的万方磨损速率

为消除管道初始壁厚、外壁腐蚀等因素的干扰，采用一段时间内的壁厚差值与充填方量的比值（万方磨损速率）来表征磨损速率，其统计方法如下：

(1) 采用精度 0.01 mm 的超声波测量仪（图 6-2 (a)）对管道壁厚进行测量，在水平直管上布置 5 个测站，每个测站均设置上、下、左、右 4 个测点（见图 6-2 (b)）。测点尽量选择在外壁无腐蚀区域并做好十字标记（图 6-2 (c)）进行定位。

(2) 每个测点的壁厚测量至少进行 5 次，去掉最大最小值后取平均值，得到 5 个测站壁厚的第一次测量值。测量完毕后对测点进行包裹密封以防止腐蚀，方便下一次壁厚测试。

(3) 10 个月后，采用同一超声波测量仪（图 6-2 (a)）对上述测站的各个测点壁厚进行第二次测量。每个测点的壁厚测量至少进行 5 次，去掉最大最小值后取平均值，得到 5 个测站壁厚的第 2 次测量值。

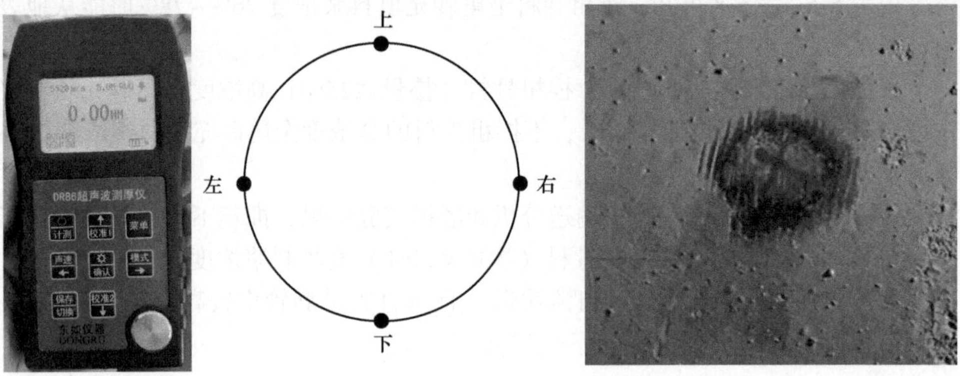

(a)　　(b)　　(c)

图 6-2　管道壁厚测量

(a) 超声波测厚仪；(b) 测点布置；(c) 测点标记

(4) 对各测站在 10 个月内通过的充填料浆方量进行统计。各测站在 10 个月内的壁厚损失除以通过的充填料浆方量即为对应的万方磨损。对 5 个测站上、下、左、右测点的万方磨损率取平均值，统计结果如表 6-9 所示。

表 6-9　充填管道平均万方磨损速率

管道类型	测点位置	万方磨损速率/(mm · 10^{-4} m^{-3})
水平直管	上	0.04
	右	0.05
	下	0.06
	左	0.05

6.2.2.2　计算充填管网全长的压强分布

以管道出口位置为零点建立坐标系，管道压强分布示意如图 6-3 所示，其中管道沿程阻力 $\Delta p/L$ 采用本研究提出的壁面滑移修正的 Buckingham 阻力公式进行计算，结果见表 6-4~表 6-8。对于经斜坡道或斜井的管道，也可转换成 L 管的形式进行压强分布计算。

管道不同位置处的压强可按下式计算，其中 x、y 仅分别代表水平管和垂直管，不代表压强的方向。

$$p(x) = p_0 + (1 + \alpha_2)\left(\frac{\Delta p}{L}\right)_2 x \tag{6-2}$$

$$p(y) = \frac{p_{max}}{h} y \tag{6-3}$$

$$\rho_m g h = (1 + \alpha_1)\left(\frac{\Delta p}{L}\right)_1 h + (1 + \alpha_2)\left(\frac{\Delta p}{L}\right)_2 l + p_0 \tag{6-4}$$

$$p_{max} = p_0 + (1 + \alpha_2)\left(\frac{\Delta p}{L}\right)_2 l \tag{6-5}$$

式中，p_0 为管道出口压强，取 0.5×10^6 Pa[165] 以提高自流输送可靠性；$\left(\frac{\Delta p}{L}\right)_1$ 和 $\left(\frac{\Delta p}{L}\right)_2$ 分别为垂直和水平管道的沿程阻力，Pa/m；α_1 和 α_2 分别为垂直和水平管道的局部阻力系数，均取 0.15；h 为垂直管道满管段高度，m；l 为水平管道长度，m；ρ_m 为料浆的密度，kg/m^3；g 为重力加速度，m/s^2。

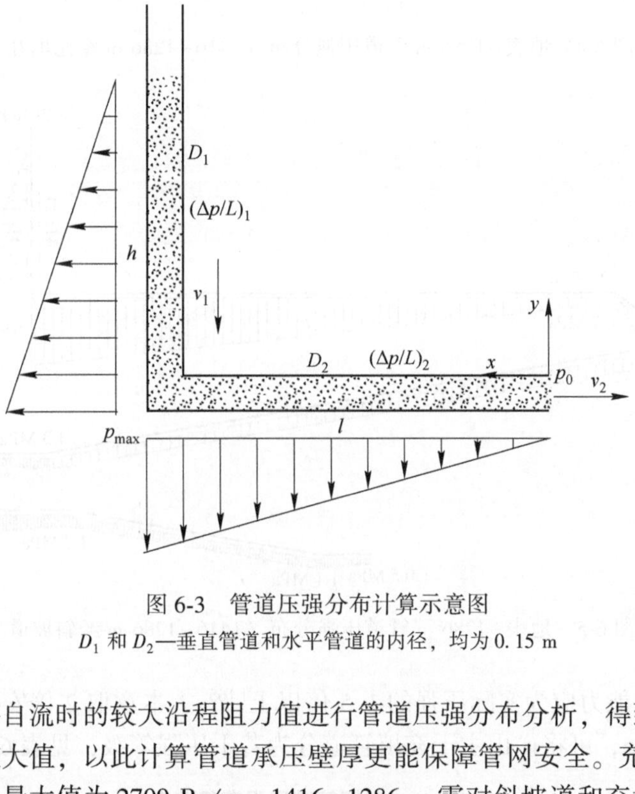

图 6-3　管道压强分布计算示意图

D_1 和 D_2—垂直管道和水平管道的内径，均为 0.15 m

选取能够自流时的较大沿程阻力值进行管道压强分布分析，得到不利工况下管道压强的较大值，以此计算管道承压壁厚更能保障管网安全。充填 1286 区域时，沿程阻力最大值为 2709 Pa/m。1416~1286 m 需对斜坡道和充填井两条路线分别进行管网压强计算，结果如图 6-4 和图 6-5 所示。

由图 6-4 和图 6-5 还可知，前述确定的满足充填体强度、采充平衡、自流输送和管道磨损较低的充填配比，垂直管道的满管段高度为 413 m，对应的垂直管道满管率达到 85.2%，表明料浆的自由下落高度较低，垂直管道中的不满管冲蚀磨损也处于较低水平。

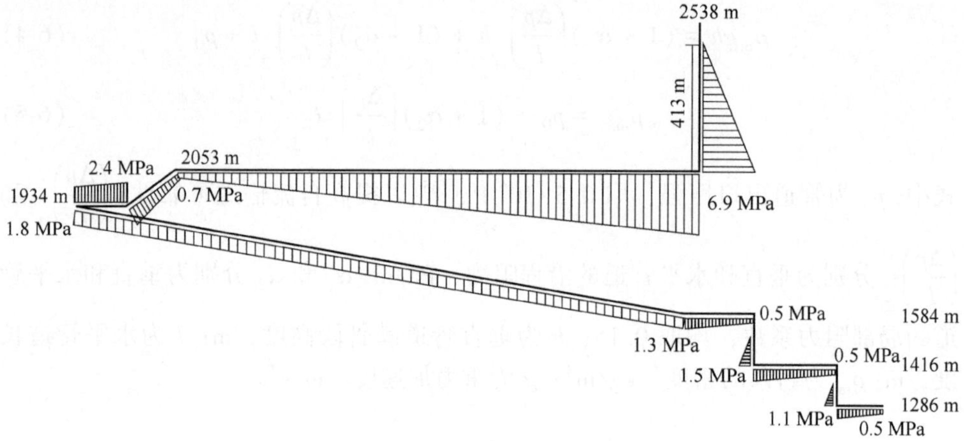

图 6-4　地表~1286 m 管道压强分布（1416~1286 m 经充填井）

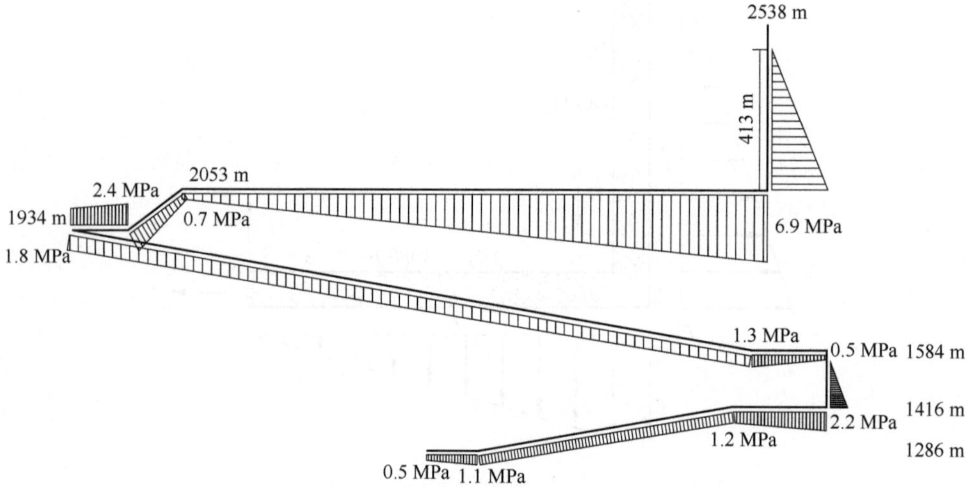

图 6-5　地表~1286 m 管道压强分布（1416~1286 m 经斜坡道）

管道承压能力应为实际压强的 1.5 倍以上[165]，本章取 2 倍安全系数。根据图 6-4 和图 6-5，可将矿山主干充填管道分为若干压强等级，见表 6-10。

表 6-10　充填管道压强等级分布

序号	压强等级/MPa	分布地段
1	14.0	2053 m 水平靠近钻孔 1000 m
2	7.0	2053 m 水平靠近斜井 1000 m
3	5.0	1934 m 水平，1416 m 水平，1934~1644 m 斜坡
4	2.5	1644~1584 m 斜坡，1584 m 水平，1286 m 水平

6.2.2.3 计算充填管道的安全剩余壁厚

根据 Barlow 公式，特定压强下无缺陷管道的安全剩余壁厚 t（mm）计算方法如下：

$$t = \frac{pD}{2[\sigma]} \tag{6-6}$$

式中，p 为管道承受的内压强，MPa；$[\sigma]$ 为管道许用应力，参考《输油管道工程设计规范》（GB 50253—2014）进行计算，16Mn 钢管的最大许用应力为 250 MPa；D 为管道内径，mm。

6.2.2.4 计算充填管道翻转周期

从简便性和操控精度角度，管道每次翻转 180°最容易实现。假设管道初始壁厚为 T，管道底部万方磨损速率设为 x_1，管道顶部万方磨损速率设为 x_2，充填 Q_1 万方后管道翻转 180°，再充填 Q_2 万方后顶部和底部刚好同时达到安全剩余壁厚 t，则可以建立以下方程：

$$T - x_1Q_1 - x_2Q_2 = t \tag{6-7}$$

$$T - x_2Q_1 - x_1Q_2 = t \tag{6-8}$$

以矿山 1934 m 及以下区域大量使用的初始壁厚 $T = 9$ mm 的无缝钢管为例进行分析，承压 5.0 MPa 时壁厚应为 1.5 mm。根据现场调研，长期使用后管道外壁的局部腐蚀深度可达 3 mm（见图 6-6），因此还应扣除 3 mm 的附加壁厚以应对外壁腐蚀等特殊情况，管道的实际安全剩余壁厚为 4.5 mm。

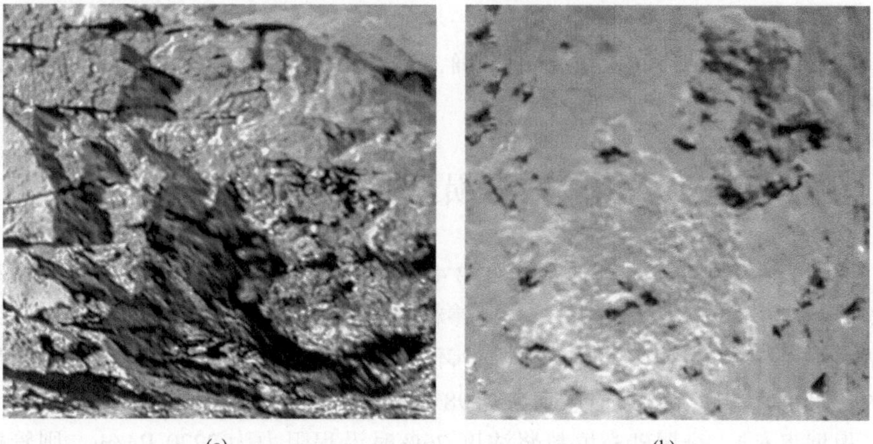

图 6-6 充填管外壁腐蚀

（a）剥层腐蚀；（b）点蚀

根据表 6-9，水平直管的底部万方磨损速率 $x_1 = 0.06$ mm/(10^4 m^3)，顶部万方磨损速率 $x_2 = 0.04$ mm/(10^4 m^3)，据此求得 $Q_1 = Q_2 = 45\times10^4$ m^3，即新管道充

填 45×10^4 m^3 后翻转 180°，再充填 45×10^4 m^3 后管道顶部和底部同时达到安全剩余壁厚 4. 5 mm，此时应将管道进行更换。而管道左右两侧剩余壁厚为 9-0. 04×(45+45)= 5. 4 mm>4. 5 mm，在管道更换前也满足承压强度需求。翻转 180°使用后管道报废前可输送总方量为 90×10^4 m^3，比不翻面时的 75×10^4 m^3 增加 15×10^4 m^3。

为进一步延长管道使用寿命，压强等级高的充填管道达到该区域的更换条件后可安装到其他低压地段继续使用，并且可以将剩余壁厚最大的管道两侧作为低压区域使用时的顶部和底部。以原承压 5. 0 MPa 区域的管道更换后在承压 2. 5 MPa 区域继续使用为例进行分析，管道的承压壁厚为 0. 75 mm，附加壁厚 3. 0 mm，则管道的实际安全剩余壁厚为 3. 75 mm，顶部和底部的可磨壁厚为5. 4-3. 75=1. 65 mm，两侧的可磨壁厚为 4. 5-3. 75=0. 75 mm。根据式（6-7）和式（6-8），充填 16.5×10^4 m^3 后翻转 180°，再充填 16.5×10^4 m^3 后管道顶部和底部同时达到安全剩余壁厚 3. 75 mm，此时应将管道进行更换。校核发现，充填 33×10^4 m^3 后管道两侧剩余壁厚为 4. 5-33×0. 05=2. 85 mm，小于管道安全剩余壁厚 3. 75 mm，不满足承压需求。因此，应按管道两侧壁厚计算管道能够输送的料浆方量：充填 15×10^4 m^3（0. 75/0. 05=15）后管道两侧达到安全剩余壁厚 3. 75 mm，管道底部剩余壁厚为 5. 4-0. 06×15=4. 5 mm>3. 75 mm，即不需要对管道进行翻转。综上，原承压 5. 0 MPa 区域的管道更换后在承压 2. 5 MPa 区域继续使用（不需翻转），管道报废前可输送总方量可再增加 15×10^4 m^3。如果更换到承压需求更低的采场附近，则管道寿命还可进一步延长。

为保证管道翻转和更换时机的准确，建议矿山对新铺设的管道建立全寿命周期的壁厚测量和充填方量记录台账。

6. 3　充填管道磨损预测模型可靠性分析

使用表 6-9 中的实测磨损数据对第 4 章提出的工业充填管道磨损预测模型进行检验。全尾砂充填料浆浓度 76%，掺粗骨料（掺量≤20%）全尾砂充填料浆浓度 78%，一年充填量为 16.4×10^4 m^3，不掺粗骨料与掺粗骨料的充填方量之比为 3∶7。水平直管底部总磨损速率为 0. 98 mm/a。

根据表 6-4，全尾砂充填料浆浓度 76%时沿程阻力为 2220 Pa/m，则管壁剪切应力为 83. 25 Pa，根据式（4-21）得对应的磨损速率为 1250. 3 mg/(m^2 · h)。根据表 6-5~表 6-8，掺粗骨料充填料浆浓度 78%时平均沿程阻力为（2218+2400+2709+2437)/4=2441 Pa/m，则管壁剪切应力为 91. 54 Pa。根据掺粗骨料充填料浆流变参数范围，应选择冲蚀与磨蚀同时存在时的试样磨损速率与壁面剪切应力的关系式（4-23)，对应的磨损速率为 1722. 3 mg/(m^2 · h)。

矿山每年充填时间为350 d，每日正常充填6 h，流量100 m^3/h（1.57 m/s）。洗管时间2.5 h，洗管水流量150 m^3/h（2.36 m/s）。根据现场实测，洗管进行到2.0 h时管道出口洗管水仍有0.7%的固含量，洗管冲蚀时间按经验取1.0 h。根据第2章的浸泡腐蚀实验结果，深锥浓密机底流滤液（与用于洗润管的溢流水性质完全一致）对管道腐蚀速率为3265.1 $mg/(m^2 \cdot h)$，即136.0 $mg/(m^2 \cdot h)$，根据式（4-59）和式（4-60）可知管道内壁的腐蚀磨损速率为0.11 mm/a。

全部采用全尾砂充填、料浆浓度76%时，正常充填的管道磨损速率为0.33 mm/a，洗管时磨损速率为0.20 mm/a。全部采用掺粗骨料全尾砂充填、料浆浓度78%时，正常充填的管道磨损速率为0.46 mm/a，洗管时磨损速率为0.27 mm/a。按全尾砂料浆和掺粗骨料全尾砂料浆的年充填方量比例折算后，两者正常充填对管道的磨损速率分别为0.10 mm/a和0.32 mm/a，洗管时的磨损速率分别为0.06 mm/a和0.19 mm/a。将正常充填磨损、洗管磨损和其余时间洗管水腐蚀磨损进行累加，充填管道的总磨损速率为0.78 mm/a。本研究提出的管道磨损预测模型的误差统计见表6-11。

表6-11 磨损预测经验模型可靠性

管道部位	实测/($mm \cdot a^{-1}$)	预测/($mm \cdot a^{-1}$)	误差/%
上	0.66	0.78	18.5
下	0.98	0.78	−20.4
左	0.82	0.78	−4.9
右	0.82	0.78	−4.9

由表6-11可知，预测水平直管的磨损速率时，管道顶部磨损预测值偏大18.5%，管道两侧磨损预测值偏小4.9%，管道底部磨损预测值偏小20.4%。所有误差被转换成绝对值后求均值，则预测水平直管磨损速率的平均误差为12.2%，误差属于可接受的程度。

工程上的充填料浆很难做到绝对均质，往往存在轻微沉降，导致管道底部磨损最严重、顶部磨损最小，这是水平直管顶部和底部预测误差较大的原因之一。此外，磨损预测模型可能的误差来源还包括：（1）忽略了管道压强对腐蚀磨损的促进作用；（2）忽略了管道内壁粗糙度和长期使用过程中逐渐形成的局部腐蚀坑（图2-20）和金属突峰（图5-32）对磨损的影响；（3）洗管时料浆浓度逐渐降低，冲蚀磨损根据洗管流速、正常充填流速和磨损速率估算；（4）模型基于均质流假设建立，因此只能预测满管流时的均匀磨损，而不能区分不均匀磨损。为弥补经验模型预测存在一定误差的缺陷，建议矿山定期对管道壁厚进行检测换算得到万方磨损速率进而预测管道剩余寿命。

6.4　本章小结

本章结合具体的工程案例，将研究得出的充填管道磨损规律、管输沿程阻力模型和充填管道磨损速率预测模型等成果进行了应用和检验，主要得出以下结论：

(1) 将充填流量由 60～80 m^3/h 提高到 100 m^3/h，充填效率提高 25%～66.7%，未对管道造成过度磨损。将粗骨料格筛孔尺寸由 40 mm 降低为 10 mm，在滤掉大块粗骨料降低管道磨损的同时，粗骨料二次破碎量未明显增多。

(2) 基于强度实验和壁面滑移修正的 Buckingham 管输沿程阻力公式，全尾砂充填料浆浓度 76%，掺粗骨料（掺量≤20%）时浓度 78%可以同时满足充填体强度、采充平衡、自流输送和管道磨损较低的要求。

(3) 提出同时考虑充填管道磨损速率和不同地段管道承压需求的四步骤翻管技术：1）统计管道的万方磨损率；2）计算充填管网压强分布；3）计算安全剩余壁厚；4）计算管道翻转和更换周期。以承压 5 MPa 的水平直管为例，充填 45×10^4 m^3 后翻转 180°继续使用，管道报废前可输送总方量为 90×10^4 m^3，比不翻转时增加 15×10^4 m^3。高压区域管道更换后在低压区域继续使用，管道报废前可输送总方量可至少再增加 15×10^4 m^3。

(4) 采用实测的充填管道磨损数据对第 4 章提出的磨损速率预测模型进行检验，预测水平直管的磨损速率时平均误差为 12.2%。建议在磨损预测模型的基础上补充管道壁厚的定期检测。

参考文献

[1] 王昆，杨鹏，Hudson-edwards Karen，等．尾矿库溃坝灾害防控现状及发展［J］．工程科学学报，2018，40（5）：526-539.

[2] YIN S H，SHAO Y J，WU A X，et al. A systematic review of paste technology in metal mines for cleaner production in china［J］. Journal of Cleaner Production，2020，247：119590.

[3] LIPSETT M G，BHUSHAN V. Modeling erosion wear rates in slurry flotation cells［J］. Journal of Failure Analysis and Prevention，2012，12：51-65.

[4] 瓦斯普．固体物料的浆体管道输送［M］．黄河水利委员会科研所《固体物料的浆体管道输送》翻译组译．北京：水利出版社，1980.

[5] YILMAZ E，FALL M. Pastetailings management［M］. Switzerland：Springer，2017.

[6] STEWARD N R，ALLEN G，TIEDERMANN K. Paste backfill reticulation optimisation using high shear mixing at DeGrussa Mine［C］//AJC Paterson，AB Fourie & D Reid (eds)，Paste 2019：Proceedings of the 22nd International Conference on Paste，Thickened and Filtered Tailings，2019：411-423.

[7] EMAD M Z，MITRI H，KELLY C. State-of-the-art review of backfill practices for sublevel stoping system［J］. International Journal of Mining，Reclamation and Environment，2015，29（6）:544-556.

[8] MCGUINNESS M A. Wear profile of the Kidd Mine pastefill distribution system［D］. Montreal：McGill University，2013.

[9] 古德生，李夕兵．现代金属矿床开采科学技术［M］．北京：冶金工业出版社，2006.

[10] BLOSS M L. An operational perspective of mine backfill［C］//Y Potvin & T Grice (eds)，Mine Fill 2014：Proceedings of the Eleventh International Symposium on Mining with Backfill，2014：15-30.

[11] 肖卫国．充填管道磨损若干问题的探讨［J］．金川科技，2004（2）：69-74.

[12] 王佩勋．矿山充填管道磨损经验分析［J］．有色矿山，1998（1）：14-17.

[13] WILSON S，SNYMAN J，MCGUINNESS M，et al. Gwalia mine-backfill system operational review［C］//R Jewell & AB Fourie (eds)，Paste 2015：Proceedings of the 18th International Seminar on Paste and Thickened Tailings，2015：341-355.

[14] 杨志强，陈得信，高谦，等．粗骨料充填料浆长距离管道输送关键技术［J］．广西大学学报（自然科学版），2016，41（4）：1306-1312.

[15] ARCHIBALD J，DE SOUZA E，BEAUCHAMP L. Compilation of industry practices for control of hazards associated with backfill in underground mines-Part Ⅱ underground transport and stope placement［C］//Proceedings of the 3rd CANUS Rock Mechanics Symposium，2009：1-10.

[16] SARKER N R，BREAKEY D E S，ISLAM M A，et al. Performance and hydrodynamics analysis of a toroid wear tester to predict erosion in slurry pipelines［J］. Wear，2020：450-451.

[17] COOKE R. Design procedure for hydraulic backfilldistribution systems［J］. Journal of The South African Institute of Mining and Metallurgy，2001，101（2）：97-102.

[18] 肖卫国．深井充填技术的研究［D］．长沙：中南大学，2003.

[19] 王新民．基于深井开采的充填材料与管输系统的研究［D］．长沙：中南大学，2006.

[20] 郑晶晶．金川矿区破损充填钻孔永久修复使用综合技术研究［D］．长沙：中南大学，2009.

[21] 张德明．深井充填管道磨损机理及可靠性评价体系研究［D］．长沙：中南大学，2012.

[22] 刘志双．充填料浆流变特性及其输送管道磨损研究［D］．北京：中国矿业大学（北京），2018.

[23] 刘志双，孟宪锐．高浓度充填料浆滚筒磨损实验研究［J］．煤炭工程，2018，50（5）：108-110.

[24] 骆正山，姚梦月，王小完．基于 RS-SCA-PPR 的充填管道失效风险预测精度研究［J］．有色金属工程，2020，10（1）：87-94.

[25] 王石，宋学朋，石海天．基于云模型和改进 CRITIC 的深井垂直充填管道磨损风险评估［J］．重庆大学学报，2020，43（4）：73-84.

[26] 李晓晨，聂兴信．充填管道磨损风险的 KPCA-PSO-GRNN 评估模型及应用［J］．有色金属工程，2019，9（2）：84-92.

[27] 张钦礼，王兢，王新民．基于核主成分分析与 PSO-SVM 的充填管道失效风险性分级评价模型［J］．黄金科学技术，2017，25（3）：70-76.

[28] 过江，张碧肖．基于 PCA 与 BP 神经网络的充填管道失效风险评估［J］．黄金科学技术，2015，23（5）：66-71.

[29] 陶磊，肖广哲，宋林．基于变异系数法与 TOPSIS 的充填管道失效风险评价［J］．化工矿物与加工，2019，48（5）：23-26.

[30] 薛希龙，王新民，张钦礼．充填管道磨损风险评估的组合权重与可变模糊耦合模型［J］．中南大学学报（自然科学版），2016，47（11）：3752-3758.

[31] 王恩杰，赵国彦，吴浩，等．充填管道磨损变权-模糊风险评估模型［J］．中国安全科学学报，2018，28（3）：149-154.

[32] 王石，汤艺，冯萧．基于改进 PCA 与有序多分类 Logistic 的充填管道磨损风险评估［J］．黄金科学技术，2019，27（5）：740-746.

[33] STEWARD N R，SPEARING A J S. The effect of particle sharpness on the wear of backfill pipelines［J］. Journal of the Southern African Institute of Mining and Metallurgy，1993，93（5）：129-134.

[34] STEWARD N R，SPEARING A J S. The performance of backfill pipelines［J］. Journal of the Southern African Institute of Mining and Metallurgy，1992，92（1）：27-34.

[35] 李丛奎，陈隆玉．充填管道磨损特性的研究［J］．世界采矿快报，1992（29）：12-15.

[36] CREBER K J，KERMANI M F，MCGUINNESS M A，et al. In situ investigation of mine backfill distribution system wear rates in Canadian mines［J］. International Journal of Mining，Reclamation and Environment，2017，31（6）：426-438.

[37] WHITE A，MCGUINNESS M，NEWMAN V. Pipeline wear solution at Kidd Mine：energy absorbent ceramic composites［C］//R Jewell，AB Fourie，J Caldwell & J Pimenta（eds），Paste 2013：Proceedings of the 16th International Seminar on Paste and Thickened Tailings，

2013：559-566.

[38] CREBER K J. Experimental and in-situ investigation into pipeline wear in mine backfill distribution systems [D]. Montreal：McGill University, 2016.

[39] HEWITT D, ALLARD S, RADZISZEWSKI P. Pipe lining abrasion testing for paste backfill operations [J]. Minerals Engineering, 2009, 22：1088-1090.

[40] 阮竹恩．给料井内全尾砂絮凝行为及其优化应用研究 [D]. 北京：北京科技大学, 2021.

[41] 李公成．全尾砂絮团尺寸变化及其浓密性能研究 [D]. 北京：北京科技大学, 2019.

[42] 杨柳华．膏体搅拌过程流变特性及剪切作用机制研究 [D]. 北京：北京科技大学, 2020.

[43] 刘晓辉．膏体流变行为及其管流阻力特性研究 [D]. 北京：北京科技大学, 2015.

[44] 程海勇．时-温效应下膏体流变参数及管阻特性 [D]. 北京：北京科技大学, 2018.

[45] 陈顺满．压力-温度效应下膏体充填体力学特性及响应机制研究 [D]. 北京：北京科技大学, 2020.

[46] GHARIB N, BHARATHAN B, AMIRI L, et al. Flow characteristics and wear prediction of Herschel-Bulkley non-Newtonian paste backfill in pipe elbows [J]. The Canadian Journal of Chemical Engineering, 2017, 95：1181-1191.

[47] 肖卫国．充填管道磨损若干问题的探讨（二）[J]. 金川科技, 2004 (3)：61-70.

[48] 吴爱祥, 王建栋, 彭乃兵．颗粒级配对粗骨料充填料浆离析的影响 [J]. 中南大学学报（自然科学版）, 2016, 47 (9)：3201-3207.

[49] 李红, 吴爱祥, 王洪江, 等．粗粒级膏体充填材料静动态抗离析性能表征 [J]. 中南大学学报（自然科学版）, 2016, 47 (11)：3909-3915.

[50] 杨柳华, 王洪江, 吴爱祥, 等．全尾砂戈壁集料膏体充填粒级优化 [J]. 中国有色金属学报, 2016, 26 (7)：1552-1558.

[51] 陈寅, 郭利杰, 邵亚平, 等．粗骨料膏体充填料浆流变特性与管道输送阻力计算 [J]. 中国矿业, 2018, 27 (12)：178-182.

[52] 尹升华, 刘家明, 邵亚建, 等．全尾砂-粗骨料膏体早期抗压强度影响规律及固化机理 [J]. 中南大学学报（自然科学版）, 2020, 51 (2)：478-488.

[53] 颜丙恒, 李翠平, 吴爱祥, 等．膏体料浆管道输送中粗骨料颗粒运动规律分析 [J]. 中南大学学报（自然科学版）, 2019, 50 (1)：172-179.

[54] 颜丙恒, 李翠平, 吴爱祥, 等．膏体料浆管道输送中粗颗粒迁移的影响因素分析 [J]. 中国有色金属学报, 2018, 28 (10)：2143-2153.

[55] TREINEN J M, COOKE R, SUTHERLAND D. Paste backfill design case study—Efemçukuru project [C] //R Jewell & AB Fourie (eds), Paste 2010：Proceedings of the Thirteenth International Seminar on Paste and Thickened Tailings, 2010：209-216.

[56] TILLMAN K. Somepractical aspects of downtime and their causes in the paste plant at Zinkgruvan Mine, South-Central Sweden [C] //R Jewell, S Lawson & P Newman (eds), Paste 2006：Proceedings of the Ninth International Seminar on Paste and Thickened Tailings, 2006：359-367.

[57] 周科平，罗伯特·库克．深井水力充填系统［J］．世界采矿快报，1999（1）：30-35.

[58] COOKE R，LAZARUS J H. Hydraulic transport systems for the backfilling of deepmines［J］. Journal of the Southern African Institute of Mining and Metallurgy，1993，93（2）：25-30.

[59] 郑伯坤，张鹏强，尹旭岩，等．深井低倍线充填管道调压技术研究［J］．采矿技术，2019，19（1）：31-33.

[60] 王玉和，孙延贺．矿用“L”型充填管道的技术优化［J］．煤矿安全，2016，47（1）：78-80.

[61] 赵彬，徐克创．深井充填管道系统关键技术探讨［C］//第五届中国充填采矿技术与装备大会论文集．2011：96-99，119.

[62] 沈家华．深井长距离膏体自流输送技术研究与应用［J］．采矿技术，2014，14（1）：72-76.

[63] 寿国华．膏体充填系统的钻孔磨损控制［C］//矿业研究与开发，第八届国际充填采矿会议论文集．北京：中国有色金属学会，2004：237-239.

[64] 孙勇．延长充填钻孔使用寿命的研究［J］．采矿技术，2006（3）：207-208.

[65] 梅晓，李兴华，孔贺，等．膏体充填管道磨损机理分析［J］．煤炭技术，2016（7）：280-282.

[66] 毛明发，王炳文，朱家锐，等．充填料浆自流输送管道磨损机理研究［J］．金属矿山，2018（4）：178-184.

[67] 张钦礼，郑晶晶，王新民，等．充填管道磨损形式及机理分析研究［J］．金属矿山，2009（5）：120-123.

[68] 梁充光．中国第一条长距离高浓度铁矿浆管道工程建设与实践［J］．中国矿业，1999（2）：13-18.

[69] 刘尧聪．谈谈大红山铁精矿矿浆输送管道工程的设计［J］．有色金属设计，2007（4）：1-4.

[70] 吴爱祥，李红，程海勇，等．全尾砂膏体流变学研究现状与展望（上）：概念、特性与模型［J］．工程科学学报，2020，42（7）：803-813.

[71] 王佩勋，王五松．充填料浆输送管道磨损规律分析［C］//第二届中日浆体输送技术交流会论文集．北京：中国有色金属学会，1998：133-138.

[72] RAWAT A，SINGH S N，SESHADRI V. Erosion wear studies on high concentration fly ash slurries［J］. Wear，2017：378-379.

[73] WANG Y Y，WANG Y，YANG G F，et al. Effect of cement-to-tailings ratio and flow rate on the wear performance of filling pipeline［J］. Powder Technology，2022，397：117027.

[74] 邵荷生，张清．金属的磨料磨损与耐磨材料［M］．北京：机械工业出版社，1988.

[75] JAVAHERI V，PORTER D，KUOKKALA V T. Slurry erosion of steel-Review of tests，mechanisms and materials［J］. Wear，2018，408-409：248-273.

[76] 张德明，王新民，郑晶晶，等．深井充填钻孔内管道磨损机理及成因分析［J］．武汉理工大学学报，2010，32（13）：100-105.

[77] MORE S R，BHATT D V，MENGHANI J V. Recent research status on erosion wear-an overview［J］. Materials Today：Proceedings，2017，4：257-266.

[78] SINHA S L, DEWANGAN S K, SHARMA A. A review on particulate slurry erosive wear of industrial materials in context with pipeline transportation of mineral-slurry [J]. Particulate Science and Technology, 2017, 35: 103-118.

[79] LOEWEN D J. Characterization of wear in a laboratory-scale slurry pipeline [D]. Edmonton: University of Alberta, 2013.

[80] MATOUŠEK V. Research developments in pipeline transport of settling slurries [J]. Powder Technology, 2005, 156: 43-51.

[81] PAGALTHIVARTHI K V, GUPTA P K. Prediction of erosion wear in multi-size particulate flow through a rotating channel [J]. FDMP: Fluid Dynamics & Materials Processing, 2009, 5 (1): 93-121.

[82] 杨柳华, 王洪江, 吴爱祥, 等. 泵送剂对膏体料浆管道输送的影响 [J]. 金属矿山, 2014 (11): 22-26.

[83] 谭起兵, 黄朝文, 李梅. 磷精矿浆输送管腐蚀磨损规律 [J]. 热加工工艺, 2013, 42 (4): 43-45, 49.

[84] STACK M M, ABD EL-BADIA T M. Some comments on mapping the combined effects of slurry concentration, impact velocity and electrochemical potential on the erosion-corrosion of WCCo-Cr coatings [J]. Wear, 2008, 264: 826-837.

[85] BUCHAN A J, SPEARING A J S. The effect of corrosion on the wear rate of steel pipelines conveying backfill slurry [J]. Journal of the Southern African Institute of Mining and Metallurgy, 1994, 94 (2): 37-45.

[86] CALDERON-HERNANDEZ J W, SINATORA A, DE MELO H G, et al. Hydraulic convey of iron ore slurry pipeline wear and ore particle degradation in function of pumping time [J]. Wear, 2020, 203272: 450-451.

[87] JONES M, LLEWELLYN R J. Erosion-corrosion assessment of materials for use in the resources industry [J]. Wear, 2009, 267: 2003-2009.

[88] 张建礼, 程小梅, 王公忠, 等. 泵送矸石充填管道磨损与堵塞成因及对策研究 [J]. 煤, 2013, 22 (10): 6-8.

[89] COOKE R, JOHNSON G, GOOSEN P. Laboratory apparatus for evaluating slurry pipeline wear [C]. Sait Seminar economics of Wear Materials, 2000: 1-17.

[90] MORE S R, INGOLE S P, BHATT D V, et al. The Studyof slurry erosion wear behaviour of coal bottom ash slurry handling pipeline [C]. TMS 2019 148th Annual Meeting & Exhibition Supplemental Proceedings, the Minerals, Metals & Materials Series.

[91] 邹伟生, 吴桂凤, 黄家祯. 长距离浆体管道输送管壁磨蚀研究 [J]. 矿冶工程, 2004 (2): 1-3.

[92] HOCKE H, WILKINSON H N. Testing abrasion resistance of slurry pipeline materials [J]. Tribology International, 1978, 11 (5): 289-294.

[93] STEWARD N R, SPEARING A J S. Combating pipeline wear -an advancing technology [J]. Journal of the Southern African Institute of Mining and Metallurgy, 1992, 92 (6): 149-157.

[94] GUPTA R, SINGH S N, SEHADRI V. Prediction of uneven wear in a slurry pipeline on the

basis of measurements in a pot tester [J]. Wear, 1995, 184 (2): 169-178.
[95] BHARATHAN B. Study ofwear and viscous heating in paste backfill pipeline system [D]. Montreal: McGill University, 2016.
[96] ZHANG L S. Relating slurry friction with erosion rate using a toroid wear tester [D]. Edmonton: University of Alberta, 2018.
[97] SARKER N R. A preliminary study of slurry pipeline erosion using a toroid wear tester [D]. Edmonton: University of Alberta, 2016.
[98] 杨为材，冯福贤. 管道的耐磨性 [J]. 世界采矿快报，1989 (17): 17-18.
[99] 赵绪兰，罗荣祥，刘启明. 通过抗磨损试验探讨新型管材的最大设计流速 [J]. 中国给水排水，2016，32 (5): 74-76.
[100] SINGH G, KUMAR S, MOHAPATRA S K. Erosion wear in a slurry pipe with multisized coal and bottom-ash slurries [J]. Materials Today: Proceedings, 2017, 4 (2): 3565-3571.
[101] SADIGHIAN A. Investigating key parameters affecting slurry pipeline erosion [D]. Edmonton: University of Alberta, 2016.
[102] XIE Y, CLARK H M, HAWTHORNE H M. Modelling slurry particle dynamics in the Coriolis erosion tester [J]. Wear, 1999, 225-229: 405-416.
[103] RADZISZEWSKI P. The steel wheel abrasion test (SWAT): A tool to study wear, friction and ore breakage in the mining industry [J]. Wear, 2009, 267: 92-98.
[104] HAIDER G, ARABNEJAD H, SHIRAZI S A, et al. A mechanistic model for stochastic rebound of solid particles with application to erosion predictions [J]. Wear, 2017: 376-377.
[105] LEVY A V, CHIK P. The effects of erodent composition and shape on the erosion of steel [J]. Wear, 1983, 89: 151-162.
[106] 张继军，桂晓莉. 浆体管道磨损机理研究 [J]. 甘肃科技，2011 (1): 70-72, 96.
[107] GANDHI B K, SINGH S N, SESHADRI V. Study of the parametric dependence of erosion wear for the parallel flow of solid-liquid mixtures [J]. Tribology International, 1999, 32 (5): 275-282.
[108] DESALE G R, GANDHI B K, JAIN S C. Particle size effects on the slurry erosion of aluminium alloy (AA 6063) [J]. Wear, 2009, 266: 1066-1071.
[109] 甄云军，寿国华，萄普列夫. 长距离浆体管道磨蚀率预测 [J]. 化工矿物与加工，2008 (5): 20-22, 39.
[110] GANDHI B K, BORSE S V. Nominal particle size of multi-sized particulate slurries for evaluation of erosion wear and effect of fine particles [J]. Wear, 2003, 257: 73-79.
[111] ARABNEJAD H, MANSOURI A, SHIRAZI S A, et al. Development of mechanistic erosion equation for solid particles [J]. Wear, 2015: 332-333.
[112] SHOOK C A, MCKIBBEN M, SMALL M. Experimental investigation of some hydrodynamic factors affecting slurry pipeline wall erosion [J]. Canadian Journal of Chemical Engineering, 1990, 68 (1): 17-23.
[113] 余斌，曹连喜，吉兆宁，等. 粗颗粒水砂充填管道磨损问题探讨 [C] //第四届全国矿山采选技术进展报告会论文集，2001: 324-326.

[114] 吴顺江，容宇．深井开采膏体充填管线磨损机理研究［J］．云南冶金，2012（1）：15-17，21.

[115] 过江，张碧肖．固-液两相流充填管道输送冲蚀磨损数值研究［J］．科技导报，2015，33（11）：49-53.

[116] BALASUBRAMANIAN V，VARAHAMOORTHY R，RAMACHANDRAN C S，et al. Abrasive slurry wear behavior of stainless steel surface produced by plasma transferred arc hardfacing process［J］. Surface & Coatings Technology，2008，202：3903-3912.

[117] LAKZIAN E，GHANIZADEH M B，SALMANI F. Prediction of erosion wear rate in a copper slurry pipeline，a case study［J］. Journal of the Balkan Tribological Association，2016，22（2A）：2081-2092.

[118] JACOBS B E A. Designof slurry transport systems［M］. London：Taylor & Francis e-Library，2015.

[119] 陈隆玉，陈须妹．充填管路的磨损［J］．世界采矿快报，1992（35）：15-16.

[120] ROBERT E，KLEMM P E. Abrasion resistant steel piping systems for slurry transport in mining applications［EB/OL］.［1999-01-17］. https：//www. mcilvaine company. com/Decision_Tree/subscriber/Tree/DescriptionTextLinks/piping_systems_mining. pdf.

[121] 陈小星．膏体充填管道自流输送系统分析［J］．有色金属，2002（1）：89-92.

[122] TSAI W，HUMPHREY J A C，CORNET I，et al. Experimental measurement of accelerated erosion in a slurry pot tester［J］. Wear，1981，68：289-303.

[123] DESALE G R，GANDHI BHUPENDRA K，JAIN S C. Improvement in the design of a pot tester to simulate erosion wear due to solid-liquid mixture［J］. Wear，2005，259：196-202.

[124] XIE Y S，JIANG J R，ISLAM M A. Applications of elastomers in slurry transport［J］. Wear，2021，477：203773.

[125] SHELDON G L. Effects of surface hardness and other material properties on erosive wear of metals by solid particles［J］. Journal of Engineering Materials and Technology，1977，99：133-137.

[126] LEVY A V，HICKEY G. Liquid-solid particle slurry erosion of steels［J］. Wear，1987，117：129-146.

[127] 白秉哲，高古辉，刘文利．浆体输送用贝氏体管道的磨损机制及耐磨性能研究［J］．矿山机械，2012（12）：107-109.

[128] YE H Z，LI D Y，EADIE R L. Influences of porosity on mechanical and wear performance of pseudoelastic TiNi-Matrix composites［J］. Journal of Materials Engineering and Performance，2001，10：178-185.

[129] 陆国强，冯金茂，张伟娇．新型超耐磨 HDPE/Si-TPE 复合管道的制备及应用［J］．新型建筑材料，2015（5）：30-33.

[130] 付永红，王亮亮，李楠．矿山充填耐磨管道发展现状与技术研究［J］．有色金属设计，2017（1）：5-8.

[131] SHOOK C A，HAAS D B，HUSBAND W H W，et al. Relative wear rate determinations for slurry pipelines［J］. Journal of Pipelines，1981，1（4）：273-280.

[132] 肖石英，陈顺妹．耐磨的充填管道材料［J］．世界采矿快报，1993（29）：15-16.

[133] SINGH P. Investigation of slurry erosion in pipeline materials［D］. Patiala：Thapar University，2014.

[134] SANTAROSSA M，MARCHANT R. Digital imaging and laser measurement of paste pipe wear［C］//A Wu & R Jewell（eds），Paste 2017：Proceedings of the 20th International Seminar on Paste and Thickened Tailings，2017：95-104.

[135] PARSLOW G I，STEPHENSON D J，STRUTT J E，et al. Paint layer erosion resistance behaviour for use in a multilayer paint erosion indication technique［J］. Wear，1997，212：103-109.

[136] WU J，GRAHAM L J W，LESTER D，et al. An effective modeling tool for studying erosion［J］. Wear，2011，270：598-605.

[137] FINNIE I. Erosion of surfaces by solid particles［J］. Wear，1960，3：87-103.

[138] 李力，魏天酬，刘明维，等．冲蚀磨损机理及抗冲蚀涂层研究进展［J］．重庆交通大学学报（自然科学版），2019，38（8）：70-74，91.

[139] BITTER J G A. A study of erosion phenomena Part Ⅰ［J］. Wear，1963，6：5-21.

[140] BITTER J G A. A study of erosion phenomena：Part Ⅱ［J］. Wear，1963，6：169-190.

[141] TILLY G P. A two stage mechanism of ductile erosion［J］. Wear，1973，23：87-96.

[142] 丁宏达．矿浆管道输送试验临界流速和管道磨损率的放大方法［J］．油气储运，1990（1）：58-65，67.

[143] MILLER J E，SCHMIDT F E. Slurry erosion：uses，applications，and test methods［M］. Philadelphia：American Society for Testing and Materials，1987.

[144] MANSOURI A，MAHDAVI M，SHIRAZI S A，et al. Investigating the effect of sand concentration on erosion rate in slurry flows［C］//CORROSION 2015，Dallas，Texas，2015：1-10.

[145] 孔令然，武会宾，唐荻，等．浆料冲蚀条件下低合金钢的磨损特性［J］．物理测试，2013，31（5）：1-5.

[146] 郑晶晶，张钦礼，王新民，等．基于BP神经网络的充填钻孔使用寿命预测［J］．湘潭师范学院学报（自然科学版），2008（4）：40-44.

[147] 彭文山，曹学文．固体颗粒对液/固两相流弯管冲蚀作用分析［J］．中国腐蚀与防护学报，2015，35（6）：556-562.

[148] 李介普．油浆管道冲蚀风险预测的数值模拟研究［J］．化工技术与开发，2016，45（8）：60-62.

[149] MANZARA M A，SHAHA S N. Particle distribution and erosion during the flow of Newtonian and non-Newtonian slurries in straight and coiled pipes［J］. Engineering Applications of Computational Fluid Mechanics，2009，3（3）：296-320.

[150] SINGH J，KUMAR S，SINGH J P，et al. Mohapatra. CFD modeling of erosion wear in pipe bend for the flow of bottom ash suspension［J］. Particulate Science and Technology，2019，37（3）：275-285.

[151] ZHANG H, TAN Y Q, YANG D M, et al. Numerical investigation of the location of maximum erosive wear damage in elbow: Effect of slurry velocity, bend orientation and angle of elbow [J]. Powder Technology, 2012, 217: 467-476.

[152] 谭援强，宋军华，张浩，等．混凝土泵送中管壁磨损过程的离散元模拟研究［J］. 中国机械工程，2014，25（15）：2091-2097.

[153] 童政钢，伍红．基于 CFD-DEM 耦合的混凝土泵输送管磨损研究［J］. 建筑机械化，2020，41（10）：34-36，52.

[154] 张钦礼，胡威，高瑞文．基于可拓学的充填管道输送可靠度分析［J］. 中国安全科学学报，2012，22（12）：109-115.

[155] 黄玉诚，段晓博，王瑜敏，等．煤矸石胶结充填管路输送不满管流及其防治方法研究［J］. 煤炭科学技术，2020，48（9）：117-122.

[156] 王国立，谭伟，马波，等．一种膏体充填水平管道磨损测试装置：中国，CN210720039U［P］. 2020-06-09.

[157] 王小林，王洪江，吴爱祥，等．全尾砂膏体管道输送壁面滑移减阻模型［J］. 中国有色金属学报，2020，30（9）：2201-2205.

[158] 王洪江，王小林，吴爱祥，等．减水剂对全尾砂膏体屈服应力影响的时间效应［J］. 中南大学学报（自然科学版），2021，52（2）：529-534.

[159] 王洪江，王小林，寇云鹏，等．全尾砂高浓度胶结充填的环管试验［J］. 工程科学学报，2021，43（2）：215-222.

[160] 王洪江，李公成，吴爱祥，等．不同粗骨料的膏体流变性能研究［J］. 矿业研究与开发，2014，34（7）：59-62.

[161] 杨晓炳，肖柏林，高谦．非牛顿流体充填料浆的管输摩擦阻力预测［J］. 湖南大学学报（自然科学版），2020，47（6）：125-131.

[162] PULLUM L, BOGER D V, SOFRA F. Hydraulic mineral waste transport and storage [J]. Annual Review of Fluid Mechanics, 2018, 58: 157-85.

[163] 杨清平，王贻明，王勇，等．谦比希铜矿膏体充填环管实验研究［J］. 采矿技术，2016，16（5）：21-22，31.

[164] 王天刚，黄玉诚，李飞跃．在稳定流状态下似膏体料浆流变特性研究［J］. 有色矿山，2003（6）：8-10，21.

[165] 北京科技大学．GB/T 39489—2020，全尾砂膏体充填技术规范［S］. 北京：中国标准出版社，2020.

[166] WILSON K C, ADDIE G R, SELLGREN A, et al. Slurry transport using centrifugal pumps (third edition) [M]. New York: Springer, 2006.

[167] 杨天雨．膏体管道输送边界层效应及阻力特性［D］. 昆明：昆明理工大学，2021.

[168] 张勇强，汪久根，洪玉芳．磨粒磨损的模型化分析［J］. 润滑与密封，2017，42（11）：13-18，63.

[169] 陆淼．油气管道壁厚设计及强度分析［J］. 中国石油和化工标准与质量，2021，41（8）：153-154，157.

[170] 王中营，张海红，武文斌，等．物料颗粒在弯管内的摩擦磨损与运动分析 [J]. 粮食与饲料工业，2014 (12)：15-17.

[171] 郭进平，强浩，王小林，等．高硫尾砂胶结充填体强度影响因素实验研究及应用 [J]. 西安建筑科技大学学报（自然科学版），2019，51 (6)：859-864.

[172] 迟圣钟．颗粒与运动壁面的碰撞反弹特性研究 [D]. 杭州：浙江理工大学，2021.

[173] CHUNG R J. Comprehensive study of the abrasive wear and slurry erosion behavior of an expanded system of high chromium cast iron and microstructural modification for enhanced wear resistance [D]. Edmonton：University of Alberta，2014.

[174] 曹艳，马宇恒，刘开强，等．固井水泥浆早期水化过程电导率研究 [J]. 硅酸盐通报，2017，36 (6)：2100-2105.

[175] 杨轶轩，阳晋，张威，等．夹杂物对 Q235 钢耐腐蚀行为的影响 [J]. 工程科学学报，2020，42 (S1)：27-33.

[176] WANG H J，WANG X L，WU A X，et al. Corrosion law of Q345 steel pipe when transporting tailings paste slurry [J]. Journal of Materials Engineering and Performance，2022，31：6395-6403.

[177] GUPTA R. Studies on erosion wear in slurry pipelines [D]. Delhi：Indian Institute of Technology，1994.

[178] 侯运炳，张兴，李攀，等．冻融循环对全尾砂固结体力学性能影响及无损检测研究 [J]. 工程科学学报，2019，41 (11)：1433-1443.

[179] TAVANGAR T，HOSSEINPOOR M，YAHIA A，et al. Computational investigation of concrete pipe flow：critical review [J]. ACI Materials Journal，2021，118 (6)：203-215.

[180] SCHLICHTING H，GERSTEN K. Boundary-layer theory [M]. Ninth edition Berlin：Springer Nature，2017.

[181] CONNERY J L，ROBERSON J H，SULLIVAN S，et al. Plugging and wear of process piping at the waste treatment and immobilization plant [R]. Defense Nuclear Facilities Safety Board Technical Report，2016.

[182] 陈秋松，张钦礼，王新民，等．全尾砂似膏体管输水力坡度计算模型研究 [J]. 中国矿业大学学报，2016，45 (5)：901-906.

[183] WANG H J，WANG X L，WU A X，et al. A wall slip pressure gradient model of unclassified tailings paste in pipe flow：Theoretical and loop test study [J]. Journal of Non-Newtonian Fluid Mechanics，2021，298：104691.

[184] ASSEFA K M，KAUSHAL D R. A comparative study of friction factor correlations for high concentrate slurry flow in smooth pipes [J]. Journal of Hydrology and Hydromechanics，2015，63 (1)：13-20.

[185] SWAMEE P K，AGGARWAL N. Explicit equations for laminar flow of Bingham plastic fluids [J]. Journal of Petroleum Science and Engineering，2011，76 (3)：178-184.

[186] YANG X B，XIAO B L，GAO Q，et al. Determining the pressure drop of cemented Gobi sand and tailings paste backfill in a pipe flow [J]. Construction and Building Materials，2020，

255：119371.

[187] BHARATHAN B, MCGUINNESS M, KUHAR S, et al. Pressure loss and friction factor in non-Newtonian mine paste backfill：Modelling, loop test and mine field data [J]. Powder Technology, 2018, 344：443-453.

[188] MOONEY M. Explicit formulas for slip and fluidity [J]. Journal of Rheology (1929-1932), 2005, 2 (2)：210-222.

[189] KALYON D M, AKTAŞ S. Factors affecting the rheology and processability of highly filled suspensions [J]. Annual Review of Chemical and Biomolecular Engineering, 2014, 5 (1)：229-254.

[190] KALYON D M. Apparent slip and viscoplasticity of concentrated suspensions [J]. Journal of Rheology, 2005 (3)：621-640.

[191] CHEN D D, JIANG X G, LV S, et al. Rheological properties and stability of lignite washery tailing suspensions [J]. Fuel, 2015, 141：214-221.

[192] LAVRENTEVA O M, NIR A. Shear-induced particles migration in a Bingham fluid [J]. Journal of Non-newtonian Fluid Mechanics, 2016, 238：80-91.

[193] FATAEI S, SECRIERU E, MECHTCHERINE V. Experimental insights into concrete flow-regimes subject to shear-induced particle migration (SIPM) during Pumping [J]. Materials, 2020, 13, 1233：1-22.

[194] 闫泽鹏．高浓度充填料浆管道输送过程中的壁面滑移机制 [D]．唐山：华北理工大学, 2021.

[195] YARAS P, KALYON D M, YILMAZER U. Flow instabilities in capillary flow of concentrated suspensions [J]. Rheologica Acta, 1994, 33 (1)：48-59.

[196] LYU F Y, ZHANG M J, QU Y Y, et al. Estimation of reversed flow in long pipeline based on axial vibration model of dense paste [J]. Shock and Vibration, 2016, 2016：1-7.

[197] KALYON D M, YARAS P, ARAL B, et al. Rheological behavior of a concentrated suspension：A solid rocket fuel simulant [J]. Journal of Rheology, 1998, 37 (1)：35-53.

[198] YILMAZER U, KALYON D M. Slip effects in capillary and parallel disk torsional flows of highly filled suspensions [J]. Journal of Rheology, 1998, 33 (8)：1197-1212.

[199] 杨浩，李聪，元敏，等．混凝土输送管失效分析及改进工艺研究 [J]．热加工工艺, 2009, 38 (20)：146-148.

[200] 孙运森．管道磨损因素与防治技术分析 [J]．煤炭技术, 2014, 33 (8)：313-314.

[201] 王向军，徐庆林，宋玉苏，等．921A 钢在海水中腐蚀的力学化学效应 [J]．国防科技大学学报, 2021, 43 (5)：160-167.

[202] 马荣耀，赵林，王长罡，等．静水压力对金属腐蚀热力学及动力学的影响 [J]．金属学报, 2019, 55 (2)：281-290.

[203] ZHOU T L, BATTINO R. Partial molar volumes of 13 gases in water at 298. 15 K and 303. 15 K [J]. Journal of Chemical and Engineering Data：the ACS Journal for Data, 2001, 46 (2)：331-332.

[204] XIONG T, ZHANG X Z, MIEDEMA S A, et al. Study of the characteristics of the flow regimes and dynamics of coarse particles in pipeline transportation [J]. Powder Technology, 2019, 347: 148-158.

[205] 陈伟，张佩，孙永昌，等. 基于CFD-DEM的非球形颗粒水力输送数值模拟 [J]. 中国粉体技术，2022，28（5）：82-91.

[206] 邵亚建. 采场内膏体料浆流动特性及充填接顶技术研究 [D]. 北京：北京科技大学，2021.

[207] 陈凤，余汉成，孙在蓉，等. 管道内壁粗糙度的确定 [J]. 天然气与石油，2007（6）：8-10.